MikroComputer-Praxis
DISKETTEN

Becker/Beicher: **TURBO-PROLOG in Beispielen**
Diskette für IBM-PC u. kompatible; TURBO-PROLOG dBASE III plus i. Vorb.

Bielig-Schulz/Schulz: **3D-Graphik in PASCAL**
Diskette für Apple II; UCSD-PASCAL DM 48,–*
Diskette für IBM-PC u. kompatible; TURBO-PASCAL DM 48,–*

Duenbostl/Oudin/Baschy: **BASIC-Physikprogramme 2**
Diskette für Apple II DM 52,–*
Diskette für C 64 / VC 1541, CBM-Floppy 2031, 4040; SIMON'S BASIC DM 52,–*

Erbs: **33 Spiele mit PASCAL**
... und wie man sie (auch in BASIC) programmiert
Diskette für Apple II; UCSD-PASCAL DM 46,–*

Fischer: **COMAL in Beispielen**
Diskette für C 64 / VC 1541; CBM-Floppy 4040, COMAL-80 Version 0.14 DM 42,–*
Diskette für CBM 8032, CBM-Floppy 8050, 8250; COMAL-80 Version 0.14 DM 42,–*
Diskette für IBM-PC u. kompatible; COMAL-80 Version 2.01 DM 42,–*
Diskette für Schneider CPC 464 / CPC 664 / CPC 6128; COMAL-80 Version 1.83 DM 48,–*

Glaeser: **3D-Programmierung mit BASIC**
Diskette für Apple II e, II c und II plus DM 48,–*
Diskette für C 64 / VC 1541, CBM-Floppy 2031, 4040 DM 48,–*

Grabowski: **Computer-Grafik mit dem Mikrocomputer**
Diskette für C 64 / VC 1541; CBM-Floppy 2031, 4040 DM 48,–*
Diskette für CBM 8032; CBM-Floppy 8050, 8250; Commodore-Grafik DM 48,–*

Grabowski: **Textverarbeitung mit BASIC**
Diskette für CBM 8032; CBM-Floppy 8050, 8250 DM 44,–*
Diskette für IBM-PC u. kompatible DM 44,–*

Hainer: **Numerik mit BASIC-Tischrechnern**
Diskette für C 64 / VC 1541; CBM-Floppy 2031, 4040 DM 48,–*
Diskette für IBM-PC u. kompatible DM 48,–*

Holland: **Problemlösen mit micro-PROLOG**
Diskette für Apple II; CP/M; micro-Prolog 3.1 DM 42,–*
Diskette für IBM-PC u. kompatible; micro-Prolog 3.1 DM 42,–*

Hoppe/Löthe: **Problemlösen und Programmieren mit LOGO**
Ausgewählte Beispiele aus Mathematik und Informatik
Diskette für Apple II; IWT-LOGO DM 42,–*
Diskette für C 64 / VC 1541; CBM-Floppy 2031, 4040 DM 42,–*

Könke: **Lineare und stochastische Optimierung mit dem PC**
Diskette für IBM-PC u. kompatible DM 46,–*

Koschwitz/Wedekind: **BASIC-Biologieprogramme**
Diskette für Apple II; DOS 3.3 DM 46,–*
Diskette für C 64 / VC 1541; CBM-Floppy 2031, 4040; SIMON'S BASIC DM 46,–

Lehmann: **Fallstudien mit dem Computer**
Markow-Ketten und weitere Beispiele aus der Linearen Algebra
und Wahrscheinlichkeitsrechnung
Diskette für Apple II; UCSD-PASCAL DM 44,–*
Diskette für IBM-PC u. kompatible; TURBO-PASCAL DM 44,–*

Lehmann: **Lineare Algebra mit dem Computer**
Diskette für Apple II; UCSD-PASCAL DM 46,–*
Diskette für IBM-PC u. kompatible; TURBO-PASCAL DM 46,–*

Fortsetzung auf der 3. Umschlagseite

MikroComputer–Praxis

Herausgegeben von
Dr. L.H. Klingen, Bonn, Prof. Dr. K. Menzel, Schwäbisch Gmünd
Prof. Dr. W. Stucky, Karlsruhe

Textverarbeitung mit Microsoft WORD

Von Helmut Becker, Konstanz
und Wolfgang Mehl, Konstanz

2., überarbeitete und erweiterte Auflage

B. G. Teubner Stuttgart 1987

Microsoft Word, Microsoft Mouse, MS-DOS, PC-DOS, IBM Personal Computer, TippEx, Agfa, Cobra, Borland und The Norton Utilities sind eingetragene Warenzeichen.

CIP-Kurztitelaufnahme der Deutschen Bibliothek

Becker, Helmut:
Textverarbeitung mit Microsoft WORD / von
Helmut Becker u. Wolfgang Mehl. –
2., überarb. u. erw. Aufl. – Stuttgart : Teubner, 1987
(MikroComputer-Praxis)
ISBN 978-3-519-12533-4 ISBN 978-3-322-91890-1 (eBook)
DOI 10.1007/978-3-322-91890-1

NE: Mehl, Wolfgang:

Gesamtherstellung: Beltz Offsetdruck, Hemsbach/Bergstraße
Umschlaggestaltung: M. Koch, Reutlingen

Vorwort zur zweiten Auflage

Microsoft Word ist ein Textverarbeitungsprogramm für IBM- (und verwandte) Personal Computer.

Sowohl die Leistungen des Programms als auch die leichte Erlernbarkeit und Handhabung zeigen Word immer wieder auf Platz Eins der aktuellen Textverarbeitungs-Hitlisten.

Das Interessanteste an Word ist jedoch die konsequente Art, wie hier Texte verarbeitet werden: der wißbegierige Einsteiger lernt Werkzeuge und Methoden der professionellen Textverarbeitung "im Spiel mit Word" gleich richtig kennen, und der Kenner hat die Konzepte von Word längst zu seinen eigenen gemacht - ohne dabei den Spieltrieb verloren zu haben.

Viele unserer Wünsche wurden in die neue Version 3 des Programms eingebaut. Dazu kann man mit Word jetzt große Dokumente systematisch strukturieren. Die Ansteuerung von Laser-Druckern ist nochmals verbessert worden.

Dieses Buch soll keinesfalls das Microsoft Word Handbuch ersetzen, sondern vielmehr dem Leser das Lernen, Arbeiten und kreative Spielen mit Word schmackhaft machen. Wir werden an einigen Stellen auf unentbehrliche Teile des Word Handbuches verweisen.

Die Erfahrungen aus vielen Word-Kursen für Sekretärinnen, Wissenschaftler, Handwerker, Studenten und Hacker haben dieses Buch mitgestaltet.

Dieses Buch wurde mit Microsoft Word auf IBM Personal Computern erstellt und auf einem Kyocera Laserdrucker ausgegeben.

Herzlichen Dank der Fa. Cobra GmbH für die Bereitstellung der Geräte und die gute Anpassung des Laser-Druckers an das Programm Word.

Konstanz, im Mai 1987 Helmut Becker und Wolfgang Mehl

Vorwort
1 Für ganz Ungeduldige
2 Was verstehen wir unter Textverarbeitung?
3 Was Sie über Ihren Computer wissen müssen
4 Eine erste Sitzung mit Word
5 Die Steuerung des Programms Word
6 Formatieren: Das Aussehen der Texte gestalten
7 Formatwünsche dauerhaft vereinbaren
8 Zehn wichtige Tips
9 Professionelle Textverarbeitung mit Word
10 Anhänge

Inhalt

1 Für ganz Ungeduldige

- Schalten Sie Ihren Personal Computer ein

- Laden Sie das Betriebssystem PC-DOS, wie es in Ihrem DOS-Handbuch beschrieben ist

- Legen Sie die Word-Programmdiskette in das Laufwerk A ein, tippen Sie *word* und danach die Return-Taste

- Wenn nun nach einigem Knacken, Rauschen und Lämpchen-Leuchten folgendes Bild auf Ihrem Bildschirm sichtbar ist, können Sie beruhigt aufatmen:

```
BEFEHL: Text Ausschnitt Bibliothek Druck Einfügen Format Gehezu Hilfe Kopie
        Löschen Muster Quitt Rückgängig Suchen Übertragen Wechseln Zusätze
Bearbeiten Sie bitte Ihren Text oder unterbrechen Sie zum Hauptbefehlsmenü!
Seite 1    ()                    ?                  Microsoft Word:
```

- Ihr Händler hat Ihnen das richtige Programm verkauft.

- Legen Sie nun Ihre Word-Programmdiskette wieder in die Hülle zurück, schalten Ihren Computer wieder aus und blättern bitte um.

2 Was verstehen wir unter Textverarbeitung?

2.1 Funktionen der Textverarbeitung

2.2 Anwendungen in der Textverarbeitung

2.3 Was kann Microsoft Word?

2.4 Microsoft Word und der Rest der Welt

In diesem Kapitel wollen wir festhalten, was wir heute unter dem Begriff "Textverarbeitung" verstehen.

Wenn Sie schon Textverarbeitungs-Experte sind und mit anderen Systemen gearbeitet haben, lesen Sie bitte nur den letzten Absschnitt in diesem Kapitel: dort steht, was Word alles kann.

2.1 Funktionen der Textverarbeitung

Zur Textverarbeitung mit (Personal-) Computern gehören fünf Dinge, nämlich: Text

- eingeben
- speichern
- ändern
- bearbeiten lassen
- ausgeben

Dabei verstehen wir unter "Text" alles, was man mit der Tastatur in so eine Rechenmaschine reinkriegen kann.

Gute Textverarbeitungsprogramme (wie zum Beispiel Microsoft Word) bieten alle diese Funktionen zusammen und in einer einheitlichen Form an.

Da Textverarbeitungsprogramme jedoch oft eine sehr unterschiedliche Auffassung von ihrer Lebensaufgabe haben, wollen wir die fünf oben geprägten Begriffe hier etwas ausführlicher untersuchen. Wir verstehen unter:

eingeben:

Das Eingeben des Textes (und der Wünsche, wie der Text später einmal auszusehen hat) über die Tastatur des Rechners. Der eingegebene Text ist am Bildschirm sichtbar; kleinere (Tipp-) Fehler können sofort verbessert werden.

Bei vielen guten Systemen werden die Verarbeitungswünsche sofort ausgeführt, das Aussehen des Textes am Bildschirm entspricht dem späteren Ausdruck. Diese Form der Verarbeitung nennt man "interaktiv" (im Gegensatz zu "passiv").

speichern:

Der Text und die Verarbeitungswünsche werden vom Rechner so verwahrt, daß sie jederzeit in unveränderter Form wieder abrufbar sind. Das Textsystem verwaltet die Texte, informiert über alle zur Verfügung stehenden Texte, erlaubt das Abrufen eines oder mehrerer Texte zur Bearbeitung.

ändern:

- **Ändern der Struktur des Textes:** Umstellen von Absätzen oder Textteilen, ohne daß man den Text neu eingeben muß. Bisher kennen Sie diesen Vorgang als **Schneiden und Kleben.**

- **Ändern der Verarbeitungswünsche:** Das "Aussehen" von Textteilen (Tabelle, Absatz, Seite) soll geändert werden, ohne daß der Text nochmals eingegeben werden muß. Bei der bekannten Schreibmaschinen-Technik hilft "Schneiden und Kleben" meist auch nicht mehr, hier muß der Text meist nochmals eingetippt werden. Das Textverarbeitungsprogramm muß auch hier eine nachträgliche Änderung mit möglichst geringem Aufwand anbieten.

bearbeiten lassen:

- **formales Aufbereiten:** die Darstellung und Aufteilung des Textes auf die zur Verfügung stehende Fläche (Papier) gemäß den eingegebenen Formatierungswünschen. Beispiel: Papiergröße, Zeilenbreite, Breite der Ränder, Fettdruck, Unterstreichen, Blocksatz ...

- **inhaltliches Aufbereiten:** Bei der Texteingabe wurden inhaltliche Besonderheiten (Fußnoten, Kapitelkennzeichnung und -Zählung, Anlegen von Registern, ...) gekennzeichnet; das Programm muß den Text entsprechend strukturieren. Dieser Vorgang heißt in Fachkreisen Formatieren.

ausgeben:

- **Probedruck:** Der Text soll in einer mittleren Qualität "formatiert" ausgegeben werden können.

- **Autorenkorrektur:** Der Autor des Textes will den Text und die Formatwünsche korrigieren können; dazu müssen auch die Formatwünsche ausgedruckt werden können.

- **Reinschrift:** Der Text muß in bester Qualität "formatiert" ausgegeben werden.

  Probedruck und Autorenkorrektur können dann entfallen, wenn der Autor gleichzeitig seine eigene Schreibkraft ist und das Programm interaktiv arbeitet (der Text am Bildschirm entspricht dem späteren Ausdruck). Diese Arbeitsweise erspart zudem sehr viel Papier: bitte drucken Sie nur, wenn erforderlich!

Obwohl wir den Begriff "Textverarbeitung" nun so ausführlich besprochen haben, wissen Sie immer noch nicht, was man eigentlich damit macht: Wer braucht das denn und wozu? Sie sehen also, wir müssen uns um die Anwendungen kümmern.

2.2 Anwendungen in der Textverarbeitung

Heute werden in fast jedem Arbeitsbereich Texte verarbeitet. Aber genau wie bei den Kraftfahrzeugen, wo man für unterschiedliche Aufgaben verschiedene "Typen" von Fahrzeugen kennt, findet man auch in der Textverarbeitung kein Programm, das alle Wünsche für alle Arbeitsbereiche erfüllen kann (Denken Sie nur an Ihren Rennwagen: mehr als 20 Tonnen Sand können Sie mit dem auch nicht befördern!).

Das wäre auch gar nicht wünschenswert, denn dieses "Superprogramm" wäre vielleicht so groß, daß es auf unserem Rechner gar nicht mehr lauffähig wäre.

Wir kommen also nicht umhin, den großen Bereich der Textverarbeitung in einzelne Anwendungsklassen aufzuteilen, um zuerst einmal einen Überblick zu erhalten und dann auch das Einsatzgebiet eines bestimmten Programms festlegen zu können.

Kommerzielles Büro:

Hier werden Briefe geschrieben, wird gerechnet, gemahnt, Kartei geführt, Adressen verwaltet, Lagerbestand geführt, einfache Berichte geschrieben, viele Texte werden aus "Bausteinen" zusammengesetzt, automatische Silbentrennung ist wünschenswert.

Büro (Verwaltung, Schule, Uni):

Hier werden (Serien-) Briefe, Notizen, Protokolle geschrieben, dabei werden auch Textbausteine verwendet.

Verarbeitung wissenschaftlicher Texte:

Zum ersten Mal finden wir hier den Wunsch nach einem **anspruchsvollen Layout**: automatische Seitenzählung, Seitenzahl an ganz bestimmten Positionen, gleichbleibende Kopf- und Fußzeilen, die automatisch an die richtige Stelle gesetzt werden, genaue Papierformat-Vorschriften, Verwendung verschiedener Zeichensätze (Schriftarten) in verschiedenen Ausprägungen (eng, breit, fett, kursiv, unterstrichen, hoch- und tiefgestellt, ...).

An inhaltlichen Leistungen werden gefordert: automatische Silbentrennung, automatische Fußnotenverwaltung (Zählung, Zuordnung zum Seitenende); Anlegen von Stichwort-Registern (mit Sortierung, Verweis auf Seitenzahlen); automatische Kapitelzählung mit Übernahme der Kapitelüberschriften ins Inhaltsverzeichnis; Literaturverzeichnis und für den mathematisch-naturwissenschaftlichen Bereich auch Formelsatz.

Erstmals finden wir in diesem Bereich nicht mehr die klare Trennung zwischen "Autor" und "Schreibkraft". Offenbar fühlen sich "Schreibkräfte" aufgrund der vielfältigen Anforderungen in diesem Bereich überfordert oder werden von den "Autoren" gar unterschätzt und verdrängt; Microsoft Word und dieses Buch haben sich vorgenommen, mit diesen Vorurteilen kräftig aufzuräumen.

Wissenschaftliche Textverarbeitung:

Hier sind nicht die Texte wissenschaftlich, sondern die Art, wie man sie verarbeiten will:

Texte werden miteinander verglichen, gleiche, ähnliche und unterschiedliche Worte herausgearbeitet, Inhalt und Grammatik der Texte werden untersucht, ja man kann sogar Sprache und Autor (natürlich nur bekannte) eines Textes automatisch erkennen.

In dem untenstehenden Bild sehen Sie, daß die Anforderungen der verschiedenen Bereiche an die Textverarbeitung sich teilweise überlappen. Sie werden daher auch kein Textverarbeitungsprogramm auf dem Markt finden, das genau auf einen einzigen Bereich festgelegt ist; vielmehr decken alle Programme, die wir bisher kennen, Anforderungen aus mehreren Bereichen ab.

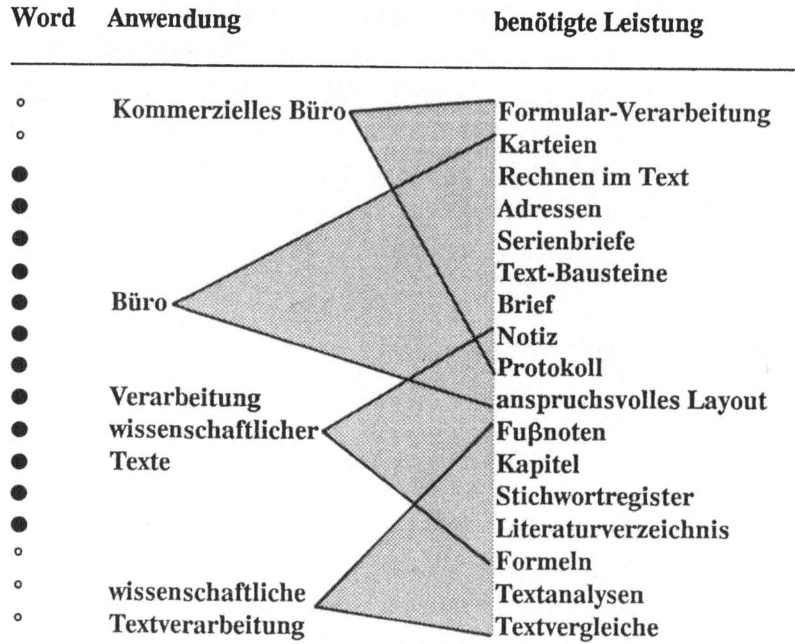

Wollen Sie sich also ein Textverarbeitungsprogramm für Ihren ganz speziellen Bedarf aussuchen, müssen Sie folgende zwei Schritte durchführen:

1 Sie müssen festlegen, in welchem Bereich Sie Textverarbeitung betreiben wollen und welche Anforderungen Sie aus den benachbarten Bereichen zusätzlich abdecken wollen. Berücksichtigen Sie dabei immer ihre wachsenden Wünsche, Sie werden "auf den Geschmack" kommen.

2 Aus der Vielzahl der angebotenen Programme suchen Sie diejenigen heraus, deren Leistungsbeschreibung Ihre Anforderungen abzudecken versprechen. Diese müssen dann in allen interessierenden Punkten miteinander verglichen werden.

2.3 Was kann Microsoft Word?

Damit Sie nun nicht das gesamte Word-Handbuch durchlesen und sich dabei alle dort entdeckten Leistungen aufschreiben müssen, hier nun:

> Microsoft Word ist ein Textverarbeitungsprogramm mit sehr breitem Einsatzgebiet: Ausgehend vom mittleren Bereich (Büro) erbringt Word sowohl einige Leistungen aus dem ersten Bereich (kommerzielles Büro: Serienbriefe, Bausteine, Karteien, Adressen, Rechnen im Text) als auch aus dem dritten Bereich (Verarbeitung wissenschaftlicher Texte: anspruchsvolles Layout, Fußnoten, Inhaltsverzeichnis, Register, Gliederungsfunktion, Zähler für Formeln und ähnliches).

Die besonderen Stärken von Word liegen

- in der weitgehend freien Gestaltungsmöglichkeit der Absätze und des gesamten Textes; dazu gehört auch die hervorragend guten Druckausgabe auf Typenrad-, Matrix- und Laserdruckern (bei angepaβtem Drucker, blättern Sie mal in diesem Buch)

- in der Möglichkeit, häufig benötigte Verarbeitungswünsche als Profil (Muster) zu vereinbaren

- in dem einheitlichen, handlichen und selbstsprechenden Steuerungskonzept. Bei Anschluβ einer "Microsoft Maus" erfolgt die Bedienung (Schneiden und Kleben, Steuerung) gar nur noch durch "Draufzeigen und Knopf drücken".

- in der ausgefeilten Fenstertechnik: In mehreren Fenstern können gleichzeitig beliebige Stellen verschiedener Texte nebeneinander und miteinander bearbeitet werden: Texte können regelrecht montiert werden.

- In der Art, wie Word auf uns zugeht: Fast jede Leistung kann mit mehreren verschiedenen Mitteln bestellt werden. Damit erlaubt Word uns die Auswahl eines persönlichen Arbeitsstils.

- In guten zusätzlichen Leistungen des Programms: der fast fehlerfreien Silbentrennung; der Rechtschreibhilfe (wenn auch erst so richtig bei den neuen AT-Personal-Computern einsetzbar); der hervorragenden Strukturierungsmöglichkeit ganzer Dokumente mit der Gliederungsfunktion; den Funkionen Verzeichnis, Nummerieren, Sortieren und Index; der Möglichkeit, Text spaltenweise zu bearbeiten

Was mißfällt uns?

Natürlich hat Word (wie jedes andere Programm, das wir kennen) auch einige Mängel. Hier fällt uns insbesondere auf:

- Die Beschränkung auf den IBM-ASCII-Zeichensatz: Zur Gestaltung wissenschaftlicher Formeln oder fremdsprachlicher Texte muß man leider immer noch auf andere Programme zurückgreifen, die bei weitem nicht die Benutzerfreundlichkeit und die Leistungen von Word bieten.

- In der Bildschirmanzeige fehlen einige Angaben, so z.B. ein Zeilenzähler und die Angabe der gerade gültigen Schriftart und Ausprägung.

- Beim Ausdruck von einzelnen Seiten und auch beim Seitenumbruch wird immer das gesamte Dokument neu formatiert, obwohl es in vielen Fällen gar nicht erforderlich ist, wenn z. B. nur auf der letzten Seite ein Wort geändert worden ist.

- In der Zeit des Desktop Publishing wünscht sich der Benutzer eine Möglichkeit, das Aussehen seines Dokuments vor dem Ausdruck am Bildschirm möglichst genau anschauen zu können, wie es zum Beispiel beim Apple MacIntosh möglich ist.

2.4 Microsoft Word und der Rest der Welt

Microsoft Word kennt nur den IBM ASCII-Zeichensatz, diesen jedoch vollständig. Insbesondere der Naturwissenschaftler, Sprachwissenschaftler und der Techniker wünschen sich häufig noch viele andere Zeichen zur Beschreibung ihrer Probleme. Diese Anforderungen kann das Programm Word bislang nicht erfüllen.

Das Programm Word kann jedoch alle Dateien, die auf Ihrem Personal Computer gespeichert sind, lesen und deren Inhalt auf Ihrem Bildschirm darstellen. Damit können Sie Word als Universal-Editor einsetzen:

> Mit Hilfe von Word können Sie alle Steuerzeichen Ihres Personal Computers wie jedes andere Textzeichen am Bildschirm bearbeiten. Mit Hilfe der ASCII-Tabelle (aus Ihrem DOS-Handbuch) können Sie jedes Zeichen am Bildschirm erkennen und mit der ALT-Taste und seiner dreistelligen Nummer über sie Tastatur eingeben.

Ja, lesen und bearbeiten können Sie nun beliebige "fremde" Dateien! Doch wie sieht es mit der sinngemäß richtigen Darstellung aus? Etwa wie Kraut und Rüben? Das müssen wir uns etwas genauer ansehen.

Texte aus anderen Textverarbeitungsprogrammen

Word kann Texte aus jedem anderen Textverarbeitungsprogramm übernehmen und am Bildschirm darstellen. Dabei gehen jedoch in der Regel alle Formatierungsmerkmale verloren, die in dem anderen Programm erstellt worden sind.

Deswegen bieten fast alle Textverarbeitungsprogramme (so auch Word) die Möglichkeit, den **Text in formatierter Form** auf Diskette oder Festplatte zu "drucken". Einen solchen Text kann Word natürlich lesen und formatiert am Bildschirm darstellen.

Microsoft bietet für Texte aus manchen anderen Textverarbeitungsprogrammen kostenlos zusätzliche **Umwandlungsprogramme** an: Damit können Texte, die mit anderen Programmen erstellt und formatiert worden sind, in formatierte Word-Texte umgewandelt werden.

So können Sie zum Beispiel Texte, die Sie mit dem Programm *WORDSTAR* erstellt haben, in Word-Texte umwandeln und dort weiterverarbeiten. Bitte sehen Sie in Ihrem Word Handbuch nach, für welche anderen Programme Umwandlungsroutinen zur Verfügung gestellt werden.

Tabellen aus Kalkulationsprogrammen

Haben Sie mit *Multiplan* (oder einem anderen Tabellenkalkulationsprogramm) Rechentabellen erstellt und wollen diese in Ihrem Text weiterverarbeiten, so könnten Sie diese Tabellen auch wieder im Multiplan-internen Format in Word einladen und dort bearbeiten. Doch auch hier gilt wieder:

Word kann Ihnen alles das, was *Multiplan* (oder andere Programme) auf Diskette abspeichern, auf Ihrem Bildschirm darstellen. Doch Sie wollen ja nicht alle Rechenformeln und alle internen Formatierungen Ihrer Tabelle in Ihren Text übernehmen, sondern nur die fertige Tabelle.

Dazu müssen Sie in Ihrem Rechenprogramm die fertige Tabelle "auf Diskette drucken". Diese "gedruckte" Tabelle kann Word nun in Ihren Text übernehmen, wie Sie es wünschen.

Sollten Sie später einmal zu den anspruchsvollen Textern gehören und Ihre Tabellen mit Hilfe des Desktop Publishing in Proportionalschrift weiterverarbeiten wollen, so kann Ihnen für diese und viele anderen Fälle der Tabellenaufbereitung das Programm cobra *DataPlan*[1] mit Sicherheit weiterhelfen.

---

[1] cobra Dataplan: Der Tabellenmanager. cobra GmbH, Konstanz

Texte und Daten aus Datenbanken

Fast jedes Datenbankprogramm bietet eine Schnittstelle zur Textverarbeitung. Damit können einzelne oder alle Daten aus Ihrer Datenbank in das IBM ASCII-Format gewandelt werden. Die so erzeugten ASCII-Dateien können von den meisten Textverarbeitungsprogrammen, so auch von Word, problemlos gelesen werden.

Wenn Sie zum Beispiel mit dem Datenbankprogramm *dBASE III Plus* arbeiten, verwenden Sie bitte den COPY-Befehl zur Ablage der gewünschten Daten in einer neuen Datei und geben als Formatangabe SDF (Symbolic Data Format) an. Mit diesem einzigen Befehl haben Sie bereits eine ASCII-Datei erzeugt.

In anderen Datenbank-Systemen (so zum Beispiel *F&A*) gibt es einen eigenen Menüpunkt "Exportieren". Hier können Sie auch das gewünschte Format (ASCII oder DIF oder andere) auswählen.

Ist Ihnen diese Standard-Umwandlung Ihrer Daten und Texte jedoch nicht genügend gut aufbereitet, so müssen Sie selbst ein eigenes Programm in der Programmiersprache der jeweiligen Datenbank schreiben. Damit können Sie Ihre Daten nun genau so, wie Sie es benötigen, umwandeln.

Für viele Anwendungen jedoch gibt es bereits fertige Programme, die Ihre Daten in der gewünschten Weise konvertieren, sodaß Sie diese problemlos in Microsoft Word weiterverarbeiten können.

Adressen für die Serienbrief-Funktion

Microsoft Word hat eine eingebaute Serienbrief-Funktion. Mit Hilfe dieser Funktion können Sie sowohl Adressen verwalten, als auch Serienbriefe anfertigen. Das Verwalten der Adressen ist jedoch nicht sonderlich komfortabel und sollte daher von einem Datenverwaltungsprogramm vorgenommen werden.

Hierzu gibt es wieder eine ganze Reihe von Programmen auf dem Markt, die ein flexibles und komfortables Bearbeiten, Verwalten und Weitergeben der Adressen an Microsoft Word anbieten. Dabei müssen auch einzelne Adressen oder Adressengruppen aus dem gesamten Bestand herausgesucht oder recherchiert werden können.

- Mit *WordAdress* und *cobra Adress* seien hier nur zwei solcher Programme genannt.

Literaturdatenverwaltung

Planen Sie ein großes Werk mit Microsoft Word zu bearbeiten und herauszugeben, benötigen Sie sicherlich auch einige Literaturangaben hierzu. Selbstverständlich können Sie das mit Hilfe der Verzeichnisfunktion in Word bearbeiten.

Schreiben Sie jedoch häufiger solch große Werke und besitzen bereits einen großen Bestand an Literaturangaben, aus dem Sie immer nur einen kleinen Teil in Ihrem aktuellen Werk benötigen, so verwalten Sie diese Literaturdaten auch besser mit einem eigens hierzu erstellten Programm.

Mit einem entsprechend modernen Programm können Sie sehr einfach Ihre umfangreichen Daten pflegen und verwalten und systematisch und/oder von Hand in dem gesamten Bestand recherchieren, um den ausgewählten Teil Ihrer Literaturdaten dann in die Textverarbeitung zu übertragen.

Auch hier finden Sie wieder eine ganze Reihe von Programmen auf dem Markt, wobei sich einige (zum Beispiel *LIDOS*) durch einen sehr großen Leistungsumfang auszeichnen, andere (wie zum Beispiel *cobra Litsy*[2]) die gleiche Bedienungsoberfläche wie Microsoft Word aufweisen und auch sehr gut formatierte Daten mit Word austauschen können.

---

2 cobra Litsy: Literaturdatenverwaltung mit dem Personal Computer. cobra GmbH, Technologiezentrum Konstanz.

Weitere Leckerbissen

Schier unbegrenzte Möglichkeiten ergeben sich durch weitere Tricks und Kniffe:

So können Sie zum Beispiel mit einem speicherresidenten Programm wie *SideKick*[3] Textbildschirme "abfotografieren" und in Word weiterverarbeiten.

Oder Sie können graphische Informationen als Befehlsfolge abspeichern (so zum Beispiel in *Microsoft Chart* das SYLK-Format zum Abspeichern eines Bildes wählen) und dieses Bild in Befehlsform mit Word bearbeiten und verändern; dieses veränderte Bild können Sie von *Chart* wieder zeichnen lassen.

Ja, Sie können sich sogar eine "eigenes Word" erzeugen: In dern mitgelieferten Datei MW.DAT stehen alle Meldungen und Fehlertexte des Programmes Word. Diese Datei können Sie mit Word verändern, um sich so Ihr eigenes Word mit eigenen Meldungen und Hinweisen zu erstellen.

Doch Vorsicht!! Durch Hinzufügen oder Löschen von Zeichen können Sie diese Datei auch völlig zerstören! Dann ist Ihr Word-Programm nicht mehr lauffähig! Machen Sie sich vor solchen Spielereien auf jeden Fall unbedingt eine Kopie Ihrer Datei MW.DAT!

---

[3] SideKick: Borland

3 Was Sie über Ihren Computer wissen müssen

3.1 Die Bestandteile Ihres Personal Computers

3.2 Disketten und Festplatten

3.3 Näheres zur Festplatte

3.4 Das Betriebssystem DOS

3.5 Wenn Sie eine Maus haben

3.1 Die Bestandteile Ihres Personal Computers

Der Personal Computer, mit dem Sie Word benutzen wollen, kann ungefähr so aussehen:

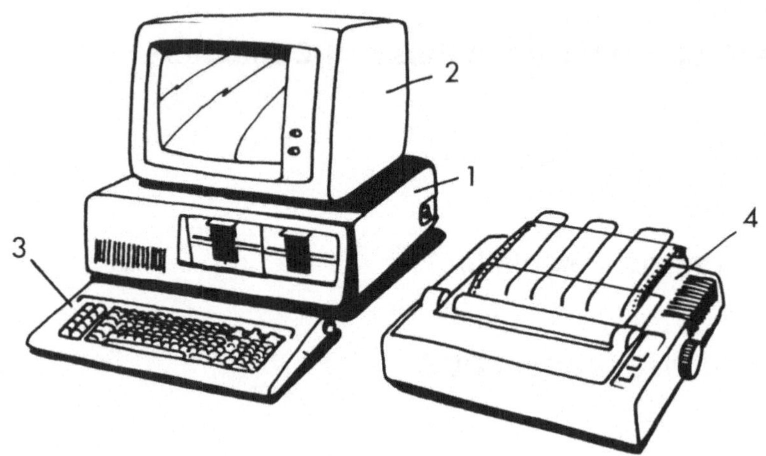

Auch wenn Ihr Personal Computer anders aussehen sollte, so hat er doch im Grundsatz dieselben funktionalen Einheiten. Diese nennt man:

(1) **Zentraleinheit.** Das ist die eigentliche Denkmaschine Ihres Personal Computers.

(2) **Bildschirm.** Nicht nur damit Sie reingucken können, sondern damit Sie "hören", was Ihr Personal Computer zu sagen hat.

(3) **Tastatur.** Damit Sie auch mal was "sagen" können.

(4) **Drucker.** Damit Sie Ihren Brief, den Sie mit Word geschrieben haben, je nach Laune verschicken oder auch wutentbrannt zerknüllen können.

Wie Sie Ihren Personal Computer beim ersten Mal aufbauen, einschalten und zum "Laufen" bringen, entnehmen Sie entweder dem entsprechenden Handbuch des Herstellers oder Sie fragen Ihren Fachhändler, bei dem Sie Ihr "Gutes Stück" gekauft haben. Genau dasselbe gilt für die Inbetriebnahme Ihres Druckers.

Die Tastatur Ihres Rechners ist in mehrere Tastenfelder geteilt. Wenn Sie eine andere Tastatur haben, können Sie versuchen, im Anhang dieses Buches nachzusehen. Aber auch wenn Sie sie dort nicht finden, ist es nicht schlimm: An der Einteilung in die vier folgenden Funktionsgruppen ändert das konkrete Aussehen der Tastatur nämlich nichts:

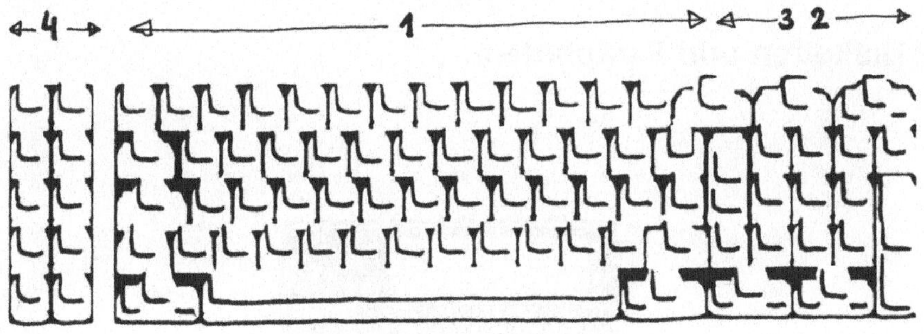

1 Die **Schreibtasten** (alphanumerische Tastatur) mit Buchstaben, Zahlen und Satzzeichen, wie auf der Schreibmaschine

2 Der **Ziffernblock** enthält Zahlentasten, die als rechteckiger Block wie auf einem Taschenrechner angeordnet sind.

3 Die **Pfeiltasten** (auch Cursor-Tasten genannt) mit je einem Pfeil für jede Richtung zur Ausführung von Bewegungen auf dem Bildschirm. Beim IBM Personal Computer sind diese Tasten mit dem Ziffernblock zusammengelegt.

4 Die **Funktionstasten.** Das sind einige praktische Tasten (meist 10 oder 12 Stück), mit denen verschiedene Funktionen auf nur einen Tastendruck ausgeführt werden können. Welche Funktionen dies im einzelnen sind, hängt von dem jeweils gerade benutzten Programm ab. Die Wirkungen der Funktionstasten bei Word können daher nicht auf andere Programme verallgemeinert werden.

Zum Schreiben Ihrer Texte verwenden Sie - von wenigen Ausnahmefällen abgesehen - nur die (alphanumerische) Schreibtastatur.

3.2 Disketten und Festplatten

Die Diskette und die Festplatte - so Sie eine haben - sind das Langzeitgedächtnis Ihres Computers. Wenn Sie mit Word einen Text eingegeben haben, ist dieser zunächst nur im Kurzzeitgedächtnis (dem sog. Arbeitsspeicher) Ihres Personal Computers. Wenn Sie den Computer ausschalten oder der Strom ausfällt, hat Ihr Computer Ihren Text vergessen; Sie müßten den Text hinterher neu eingeben.

Um dieses unangenehme Resultat zu vermeiden, müssen Sie Ihren Text bewußt und gezielt auf eine Diskette oder die Festplatte übertragen (lassen), wo er dann dauerhaft gespeichert ist und Ihnen jederzeit in alter Frische wieder zur Verfügung steht.

Disketten und Festplatten sind also, wie man sieht, notwendig und sehr nützlich. Nur leider sind sie auch sehr sensibel und nachtragend, wenn man Sie falsch behandelt. Deshalb sind folgende Regeln zu beachten.

Verboten ist viel, erlaubt ist wenig:

1. Die Diskette nicht an ihren Öffnungen berühren. Beim Anfassen den Daumen auf das Etikett.

2. Die Diskette nicht mit Staub, Schmutz oder Nässe in Berührung bringen; nicht ohne Schutzhülle auf dem Schreibtisch herumliegen lassen. Die Disketten immer in der Schutzhülle aufbewahren.

3. Das Etikett der Diskette nicht mit Kugelschreiber (weil oft schmierig) oder Bleistift (weil staubig), sondern nur mit Filzstift beschriften.

4. Die Diskette nicht biegen, knicken und keinesfalls mit Heftklammern (oder dergleichen) versehen.

5. Die Diskette nicht zu heißen oder zu kalten Temperaturen aussetzen, insbesondere nicht in der Sonne liegen lassen.

6. Die Diskette nicht mit Reinigungsmitteln behandeln.

Und ganz ungeheuer wichtig:

7. Die Diskette von jeglichem Magnetismus fernhalten.

Magnetische Einwirkungen sind für Ihre Disketten äußerst gefährlich. Sie können zum Totalverlust all Ihrer gespeicherten Texte und Programme führen, ohne daß von außen etwas erkennbar wäre. Magnetische Felder können Sie mit keinem Ihrer Sinne wahrnehmen, deshalb sollten Sie grundsätzlich Ihre Disketten von allen Gegenständen fernhalten, die magnetisch sind. Dies können insbesondere Bildschirme, Lautsprecher, Büroklammernspender usw. sein.

3.3 Näheres zur Festplatte

Wenn Sie auf Anraten Ihres Händlers oder eines guten Freundes sich einen Personal Computer mit Festplatte gekauft haben, bieten sich Ihnen weitere Vorteile: Eine Festplatte besitzt gegenüber Disketten eine erheblich höhere Speicherkapazität, d.h. Sie können wesentlich mehr schreiben, bis die Platte voll ist. Word kann auch wesentlich schneller den von Ihnen gesuchten Text finden und herbeischaffen, weil eine Festplatte sehr viel schneller umläuft als eine Diskette.

Auf Dauer werden Sie aber auch ein paar Disketten brauchen, um von Ihrer Festplatte Dinge zu entfernen, die Sie nicht so häufig brauchen aber auch nicht endgültig wegwerfen wollen.

Wenn Sie eine Festplatte haben, sollten Sie sich zuvor ausführlich im DOS-Handbuch über die Vorbereitung der Festplatte (vielleicht macht Ihnen das auch Ihr Händler), über die Sicherung des Inhalts der Festplatte mit dem Kommando BACKUP und über die Benutzung von Inhaltsverzeichnissen mit Baumstruktur informieren oder sich die Sache von jemanden, der's weiß, erklären lassen.

Da auch Festplatten - genauso wie Disketten - Ihren Text magnetisch speichern, sind auch Sie vor Magnetismus zu schützen. Glücklicherweise kann aber Ihre Festplatte normalerweise nicht so eng mit Magnetismus in Berührung kommen wie eine Diskette.

Festplatten sind aber ziemlich empfindlich gegen **Erschütterungen.** Hierauf müssen Sie unbedingt achten und auf jeden Fall vor jedem Transport Ihrer Festplatte eine Sicherungskopie der ganzen Platte machen.

3.4 Das Betriebssystem DOS

Kein Computer funktioniert ohne Betriebssystem. So auch Ihr Personal Computer: Ohne Betriebssystem wäre er strohdumm; er wäre nicht einmal in der Lage, die von Ihnen auf der Tastatur eingegebenen Buchstaben auf dem Bildschirm anzuzeigen. Solcherlei banale Dinge, wie das Anzeigen getippter Zeichen, gibt es beim Betrieb eines Computers zu Hauf. Wenn Sie sich um all diese Banalitäten selbst kümmern müßten, wären Sie dermaßen mit der Verwaltung Ihres Computers beschäftigt, daß an Textverarbeitung nicht zu denken wäre, fast so als wenn Sie Ihren Lungen für jeden einzelnen Atemzug befehlen müßten "holt jetzt Luft" ... "laßt die Luft wieder raus" ... (oder müßten Sie befehlen "Lungenmuskel spanne dich" ... ?) ...wie auch immer: Jedenfalls wären Sie schon längst erstickt.

Ähnlich kompliziert wie die "Steuerung" eines Lebewesens ist der Betrieb eines Computers. Es schadet deshalb nichts, wenn Sie nicht wissen, wie Ihr Betriebssystem im Detail funktioniert. Sie sind ja auch noch nicht erstickt, obwohl Sie nicht wissen, wie Ihre Atmung in allen Einzelheiten vor sich geht. Wenn etwas nicht stimmt, schlägt Ihr Körper Alarm. Genauso macht es das Betriebssystem, indem es Ihnen eine Fehlermeldung präsentiert.

Für unsere Zwecke genügt es, wenn Sie wissen:

- Das Betriebssystem bestimmt den Charakter und die Fähigkeiten Ihres Computers.

- Ihr Betriebssystem heißt DOS (je nach Hersteller Ihres Computers auch MS-DOS oder PC-DOS). Mittlerweile gibt es sehr viele Versionen von DOS, die meist geringfügig voneinander abweichen. Word können Sie benutzen, wenn Sie eine höhere Version als die Version 2.0 haben.

Wenn Ihnen ein Programm wie Word den Eindruck vermittelt, es habe mit dem Betriebssystem gar nichts zu tun, so trügt der Schein: Auch Word braucht eine Umgebung, in der es "leben" kann, so wie ein Mensch Sauerstoff zum Atmen braucht. Diese Umgebung ist für Word das Betriebssystem DOS.[1]

DOS starten

Ihr Betriebssystem DOS starten Sie, indem Sie nach folgendem Rezept vorgehen:

- Stecken Sie Ihre DOS-Diskette[2] in das Laufwerk A: [3].
- Schalten Sie Ihren Personal Computer ein.
- Beantworten Sie die Frage nach Datum und Uhrzeit:

  A>keybgr
  A>wtdatim
  Datum ist: (TT-MM-JJ): 01-01-1980
  Neues Datum eingeben:
  20-3-85 (return-Taste)
  Zeit ist: 00:00:01
  Neue Zeit eingeben:
  17:57 (return-Taste)

Danach erscheint auf dem Bildschirm das Zeichen

---

[1] Eine Ausnahme gilt für die Word-Version für den Apple Macintosh; diese läuft unter einem anderen Betriebssystem als DOS.

[2] Wenn Ihr Computer eine Festplatte hat, ist normalerweise das Betriebssystem dort zu finden. In diesem Fall darf im Laufwerk A: keine Diskette sein.

[3] Beim normalen IBM PC ist das das linke Laufwerk. Wenn Sie einen anderen Personal Computer haben, müssen Sie im Bedienerhandbuch nachsehen, welches das Laufwerk A: ist. Bitte gewöhnen Sie sich daran, daβ der : hinter dem A zur Laufwerksbezeichnung dazugehört.

A>

Bei Geräten mit Festplatte erscheint das Zeichen

C>

Wenn Ihr Word noch nicht auf der Festplatte installiert ist, Sie es also von der Diskette starten wollen, geben Sie den Befehl *A:(return-Taste)*, dann erscheint auch das Zeichen **A>** am Bildschirm.

Dieses Zeichen, das man die Systemanfrage des Betriebssystems nennt, teilt Ihnen mit, daß Ihr Personal Computer einen Befehl von Ihnen erwartet. Sie befinden sich im sogenannten Betriebssystem-Modus: Aus diesem "Grundzustand" können Sie alle Programme starten, die Sie besitzen: so auch Word.

Wenn Sie mehr über das Betriebssystem DOS wissen möchten, sollten Sie sich im DOS-Handbuch, das Sie beim Kauf Ihres Personal Computer bekommen haben, informieren.

Neue Diskette formatieren

Für hier und jetzt reicht es aus, wenn Sie wissen, wie Sie eine neu gekaufte Diskette in Gebrauch nehmen können. Das ist nicht so einfach, wie Sie zunächst vielleicht denken. Wenn Sie im Laden eine neue Diskette gekauft haben, dann können Sie diese nicht ohne weiteres verwenden. Ihr Personal Computer verweigert die Arbeit mit dieser Diskette, weil er sie nicht als für Ihn bestimmt erkennen kann. Ihr Personal Computer ist nämlich ein Feinschmecker, er frißt nicht einfach "rohe" Disketten aus der Fabrik. Er möchte sie vorher "zubereitet" haben. Zum Glück kann er sie aber selbst "kochen", Sie brauchen ihm nur zu sagen, daß er sich eine Diskette zubereiten soll. Hierzu benötigen Sie den DOS-Befehl FORMAT. Falls Sie einen "ganz normalen" IBM PC mit zwei Diskettenlaufwerken haben[4], geht das nach folgendem Rezept.

- Starten Sie Ihren Personal Computer mit dem Betriebssystem DOS, wie es vorhin beschrieben worden ist.

- Die DOS-Diskette lassen Sie im Laufwerk A: drin oder stecken Sie wieder hinein, falls Sie sie schon herausgenommen hatten.

- Als nächstes tippen Sie den Befehl

  A>format b: (return-Taste)

Danach erscheint auf dem Bildschirm die Anzeige:

Neue Diskette einlegen in Laufwerk B:
und anschl. eine Taste betätigen

---

[4] Falls Sie einen anderen Personal Computer haben, müssen Sie im dazugehörigen DOS-Handbuch bei der Beschreibung des FORMAT-Befehls nachsehen. Falls Sie einen Computer mit Festplatte haben, sollten Sie ebenfalls das zugehörige Handbuch zu Rate ziehen oder Ihren Händler fragen, damit Sie nicht versehentlich statt einer Diskette Ihre Festplatte formatieren, was einen Totalverlust der auf der Festplatte gespeicherten Texte und Programme zur Folge hätte.

- Sie legen also eine neue Diskette ins Laufwerk B: und klappen das Laufwerk zu.

- Sie betätigen - je nach Anfrage Ihres Computers - entweder die Taste j oder irgendeine Taste (wenn Ihnen nichts Besseres einfällt, die Leertaste).

Auf dem Bildschirm erscheint jetzt die Anzeige

Formatieren läuft ...

und Sie hören in regelmäßigen Abständen ein Knacken im Laufwerk B:

Nach geraumer Zeit erscheint die Anzeige

Formatieren beendet
362496 Bytes Gesamtplattenbereich
362496 Bytes auf Platte verfügbar
Weitere Diskette formatieren (J/N)?

Wenn die Anzeige hiervon abweicht, kann das mehrere Ursachen haben, nämlich:

- Ihr Personal Computer hat eine anderes Disketten-Format.

  Reaktion: Sie sollten in Ihrem DOS-Handbuch nachsehen, ob die Meldung mit den dortigen Angaben übereinstimmt.

- Die Meldung nach Beendigung des Formatierens weist sog. "fehlerhafte Sektoren" aus.

  Reaktion: Vorgang wiederholen, indem Sie auf der Tastatur j (für ja) eintippen und anschließend eine Taste betätigen.

  Kommen dann wieder fehlerhafte Sektoren vor, sollten Sie diese Diskette nicht zur Speicherung wichtiger Texte verwenden.

- Die Diskette wurde versehentlich nur einseitig formatiert.

Reaktion: Vorgang wiederholen, indem Sie j (für ja) eintippen und anschließend eine Taste betätigen.

Wenn etwas anderes passiert ist, müssen Sie Ihr DOS-Handbuch zu Rate ziehen oder Ihren Händler fragen.

Ist keiner der dargestellten Fehler aufgetreten, ist alles in Ordnung.

Sie können jetzt entweder eine weitere neue Diskette einlegen und formatieren, indem Sie "j" (für ja) eingeben, oder aber die Anfrage, ob eine weitere Diskette formatiert werden soll, mit "n" (für nein) beantworten.

Bei der Arbeit mit Word sollten Sie immer mindestens eine formatierte Diskette zur Hand haben, auf der genügend Platz für Ihren Text ist. Am besten haben Sie immer mindestens eine leere, aber formatierte Diskette parat. (Für diesen Tip werden Sie uns eines Tages sehr dankbar sein.)

Wie Sie eine Festplatte formatieren, erklären wir hier nicht. Wir gehen davon aus, daß Ihr Händler Ihnen bei Lieferung des Computers dies schon erledigt hat. Wir wünschen Ihnen herzlich, daß Sie die Festplatte später nie wieder formatieren (müssen).

3.5 Wenn Sie eine Maus haben

Eine Maus ist ein kleines Kästchen mit zwei Druckknöpfen und einem Kabel zur Zentraleinheit. Mit der Maus können Sie Funktionen, die auf der Tastatur viele Tastendrücke erfordern oder aus anderen Gründen Schwierigkeiten bereiten, meist viel schneller und einfacher erledigen. Näheres zur Maus kommt im Kapitel 5.6, und immer dann, wenn es gerade nützlich ist.

Die Maus sieht ungefähr so aus:

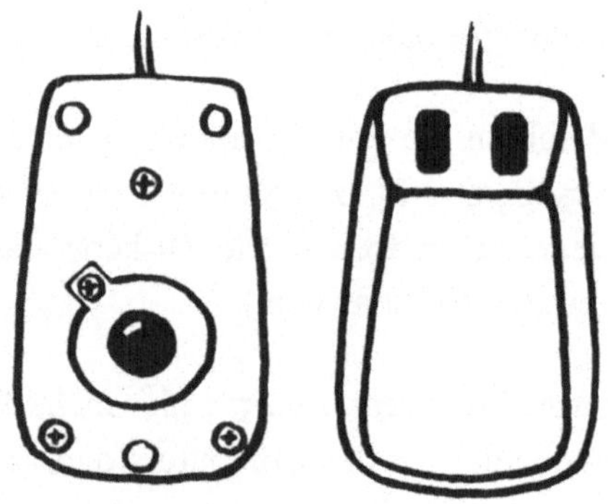

4 Eine erste Sitzung mit Word

4.1 Word starten

4.2 Text eingeben

4.3 Text auf Diskette speichern

4.4 Tippfehler ausmerzen

4.5 Text formatieren

4.6 Text drucken

4.7 Die Sitzung mit Word beenden

Dieses Kapitel will Sie an die Hand nehmen und mit Ihnen einen kleinen Spaziergang durch die blühenden Gärten von Word machen. Sie sollten sich ruhig mal führen lassen, auch wenn Sie das sonst nicht mögen. Aber man kann sich allzu leicht verlaufen, wenn man ohne "Ortskenntnis" in den Gärten herumschlendert, zumal es hier auch einige tückische Abgründe gibt.

Falls Sie sich doch verlaufen, verlassen Sie die Gärten nach Möglichkeit am offiziellen Ausgang (nämlich mit dem Befehl Quitt), wie es unter 4.7 beschrieben ist, sonst könnten Sie vielleicht von einem Wachhund gebissen werden.

4.1 Word starten

Nachdem Sie Ihren Personal Computer nun lange genug nur angesehen haben, ist es an der Zeit, erste Erfahrungen zu sammeln, indem Sie mit ihm spielen. Dazu setzen Sie ihn zuerst mit dem Betriebssystem DOS in Gang, wie es im Kapitel 3.4 beschrieben ist.

Wenn auf dem Bildschirm die Meldung

A>

erschienen ist[1], entnehmen Sie die DOS-Diskette, stecken Ihre Word-Diskette in das Laufwerk A: und klappen das Laufwerk - wie gewöhnlich - zu. Danach tippen Sie den Befehl

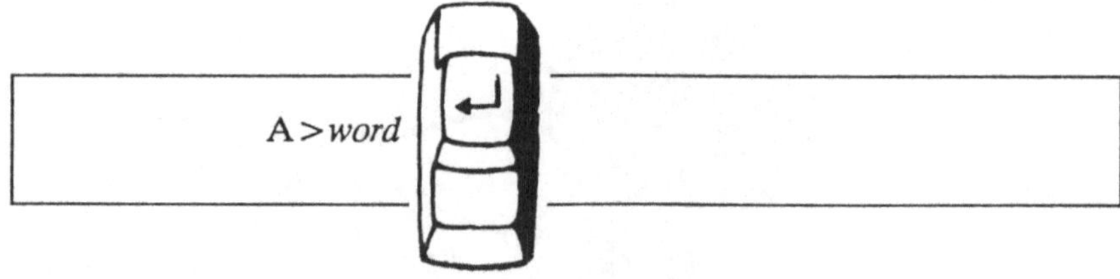

---

1 Bei Systemen mit Festplatte entweder nach den Anweisungen im Word-Handbuch vorgehen um Word zu installieren, oder A:(return) eintippen und dann wie oben beschrieben vorgehen.

Nach einer Weile (meist hörbarer) emsiger Geschäftigkeit in dem Laufwerk erscheint folgender Bildschirminhalt:

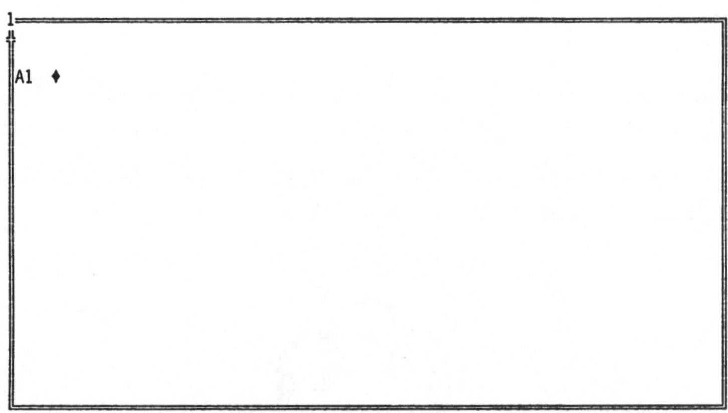


```
BEFEHL: Text Ausschnitt Bibliothek Druck Einfügen Format Gehezu Hilfe Kopie
        Löschen Muster Quitt Rückgängig Suchen Übertragen Wechseln Zusätze
Bearbeiten Sie bitte Ihren Text oder unterbrechen Sie zum Hauptbefehlsmenü!
Seite 1    ()                        ?               Microsoft Word:
```

Den Bereich innerhalb des aus der Doppellinie bestehenden Rahmens nennt man **Ausschnitt**.

In diesem Ausschnitt befindet sich die sogenannte **Schreibmarke** und eine kleine Raute, die das Ende des Textes bezeichnet.

Darunter wird das **Befehlsmenü** angezeigt, aus dem Sie - ähnlich wie aus einer Speisekarte - aussuchen können, was Sie haben wollen.

Die Zeile unter dem Befehlsmenü (zweite Zeile von unten) heißt **Meldungszeile.** Hier macht Ihnen Word laufend Mitteilungen über den Fortgang der Dinge, etwa was Sie als nächstes machen können.

Die unterste Zeile heißt **Statuszeile.** Über deren Bedeutung werden Sie im Verlauf dieses Buches noch mehr erfahren.

4.2 Text eingeben

In der Meldungszeile des eben gezeigten Bildschirminhalts stehen die Worte:

> **Bearbeiten Sie bitte Ihren Text oder unterbrechen Sie zum Hauptbefehlsmenü!**

Diesen Satz nehmen Sie ernst und befolgen die erste Möglichkeit: Sie bearbeiten den untenstehenden Text, indem Sie ihn zunächst einmal eingeben. Tippen Sie einfach drauflos. Wenn sie sich vertippt haben und es sofort bemerken, können sie jeweils das letzte Zeichen wieder löschen, indem Sie die Rück-Taste

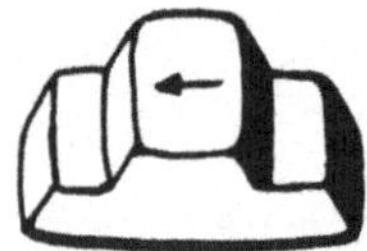

benutzen, die sich in der oberen rechten Ecke der alphanumerischen Schreibtastatur befindet. Verwenden Sie diese Taste bitte nicht, um weiter zurückliegende Fehler zu beheben; das wäre - wie Sie bald sehen werden - ziemlich unklug .

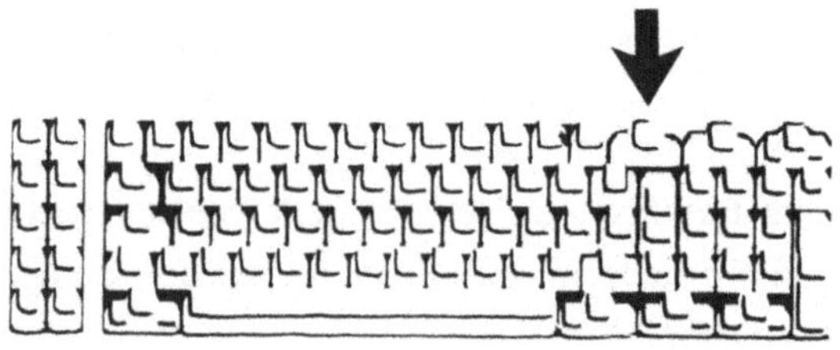

Bitte verwechseln Sie nicht die Rück-Taste mit der Pfeiltaste für die Steuerung der Schreibmarke, die sich auf dem Ziffernblock am rechten Ende der Tastatur befindet.

Probieren Sie die Rück-Taste ruhig mal aus, auch wenn Sie sich nicht vertippt haben. Fehler, die Sie erst später bemerken, beachten Sie vorerst nicht, auch wenn's schwerfällt; wie Sie diese Fehler beheben können, kommt gleich nachher (Kapitel 4.4).

Wenn Sie an das Ende einer Zeile kommen, benutzen Sie bitte **nicht** die Return-Taste, um eine neue Zeile anzufangen. Word beginnt von selbst mit einer neuen Zeile, sobald dies erforderlich ist. Paßt ein Wort nicht mehr in den verbleibenden Zeilenrest, holt Word das ganze Wort auf die nächste Zeile. So, nun greifen Sie in die Tasten:

> *Das Textverarbeitungsprogramm Word ist relativ leicht zu lernen. Es reicht, wenn man weiß, wie man mit Disketten umgeht, aus welchen Elementen der IBM-PC besteht und wie man das Textverarbeitungsprogramm Word startet.*

Wenn Sie diesen Text getippt haben, drücken Sie einmal die Return-Taste, um einen neuen Absatz anzufangen; dann tippen Sie weiter, wobei Sie immer dann, wenn ein Absatz zu Ende ist, die Return-Taste betätigen (wenn Sie's mal vergessen, ist es auch nicht schlimm).

> *Wesentlich schwieriger ist beispielsweise die Jägerprüfung in Baden-Württemberg. Denn bei dieser Prüfung hat der Kandidat unter anderem folgende Leistungen zu erbringen:*
>
> *In der Schrotdisziplin müssen auf zehn in gleicher Richtung laufende Kipphasen aus 35 Meter Entfernung mindestens vier Treffer erzielt werden. Als Treffer gilt, wenn infolge des Schusses beim einteiligen Kipphasen der Kipphase, beim mehrteiligen mindestens ein Teil desselben kippt.*

Sie sollten deshalb froh sein, daß Sie nicht die schwierige Jägerprüfung machen müssen, sondern nur ein bißchen mit Word herumspielen.

Spielen ist einfach lustiger und angenehmer als Prüfungen machen.

Deshalb gibt es bei uns hier keine Wordprüfung.

Wenn Sie damit fertig sind, sieht Ihr Bildschirm ungefähr so aus:

```
1
Das Textverarbeitungsprogramm Word ist relativ leicht zu lernen.
Es reicht, wenn man weiß, wie man mit Disketten umgeht, aus
welchen Elementen der IBM-PC besteht und wie man das
Textverarbeitungsprogramm Word startet.
Wesentlich schwieriger ist beispielsweise die Jägerprüfung in
Baden-Württemberg. Denn bei dieser Prüfung hat der Kandidat unter
anderem folgende Leistungen zu erbringen:
In der Schrotdisziplin müssen auf zehn in gleicher Richtung
laufende Kipphasen aus 35 Meter Entfernung mindestens vier Treffer
erzielt werden. Als Treffer gilt, wenn infolge des Schusses beim
einteiligen Kipphasen der Kipphase, beim mehrteiligen mindestens
ein Teil desselben kippt.
Sie sollten deshalb froh sein, daß Sie nicht die schwierige
Jägerprüfung machen müssen, sondern nur ein bißchen mit Word
herumspielen.
Spielen ist einfach lustiger und angenehmer als Prüfungen machen.
Deshalb gibt es bei uns hier keine Wordprüfung.♦

BEFEHL: Text Ausschnitt Bibliothek Druck Einfügen Format Gehezu Hilfe Kopie
        Löschen Muster Quitt Rückgängig Suchen Übertragen Wechseln Zusätze
Bearbeiten Sie bitte Ihren Text oder unterbrechen Sie zum Hauptbefehlsmenü
Seite 1    ()                              Microsoft Word:
```

4.3 Text speichern

Nachdem Sie diesen Text mit mehr oder weniger zahlreichen Fehlern eingegeben haben, ist es empfehlenswert, ihn zunächst einmal dauerhaft zu speichern.

> Das regelmäßige Speichern der Texte, auch vor dem Beenden der Arbeit mit Word, ist sehr wichtig.

Fällt etwa der Strom aus, so ist der Text nachher nur noch in der Fassung vorhanden, in der Sie ihn zuletzt gespeichert hatten. Alles andere ist unwiederbringlich verloren: Deshalb müssen Sie unbedingt immer in regelmäßigen Abständen den Text speichern! Das geht nach folgendem Rezept:

- Betätigen Sie die Taste

Danach sieht der Befehlsbereich so aus:

```
BEFEHL: Text Ausschnitt Bibliothek Druck Einfügen Format Gehezu Hilfe Kopie
        Löschen Muster Quitt Rückgängig Suchen Übertragen Wechseln Zusätze
Bearbeiten Sie bitte Ihren Text oder unterbrechen Sie zum Hauptbefehlsmenü!
Seite 1    ()                                  Microsoft Word:
```

- Betätigen Sie so oft die Leertaste, bis der Befehl

  ÜBERTRAGEN

  hell unterlegt ist.

Danach sieht der Befehlsbereich so aus:

```
BEFEHL: Text Ausschnitt Bibliothek Druck Einfügen Format Gehezu Hilfe Kopie

        Löschen Muster Quitt Rückgängig Suchen Übertragen Wechseln Zusätze
Bearbeiten Sie bitte Ihren Text oder unterbrechen Sie zum Hauptbefehlsmenü!
Seite 1    ()                                    Microsoft Word:
```

- Betätigen Sie die Taste

Danach sieht der Befehlsbereich so aus:

```
ÜBERTRAGEN: Laden Speichern Bildschirmlöschen Dateilöschen Zusammenführen
            Optionen Umbenennen Textbausteine
Wählen Sie bitte eine Option oder geben Sie deren Anfangsbuchstaben ein!
Seite 1    ()                                    Microsoft Word:
```

- Betätigen Sie einmal die Leertaste, so daß der Befehl

SPEICHERN

hell unterlegt ist. Drücken Sie dann die Taste

Danach sieht der Befehlsbereich so aus:

```
ÜBERTRAGEN SPEICHERN Dateiname:              Formatiert:(Ja)Nein

Geben Sie bitte einen Dateinamen ein!
Seite 1    ()                                Microsoft Word:
```

Jetzt müssen Sie Ihrem Text einen Namen[2] geben. Nennen Sie Ihn einfach "Jaeger", indem Sie eintippen:

JAEGER

Danach sieht der Befehlsbereich so aus:

```
ÜBERTRAGEN SPEICHERN Dateiname: jaeger       Formatiert:(Ja)Nein

Geben Sie bitte einen Dateinamen ein!
Seite 1    ()                                Microsoft Word:
```

- Return-Taste betätigen.

Danach erscheint in der Meldungszeile zunächst die Nachricht

Ich speichere Ihre Datei....

[2] Verwenden Sie bei der Benennung von Texten keine Umlaute und auch nicht den Buchstaben β. Die in Textnamen zulässigen Zeichen entsprechen den im DOS-Handbuch dargestellten zulässigen Zeichen für Dateinamen (gespeicherte Texte sind nämlich Dateien).

Später erscheint wieder das Hauptbefehlsmenü. Gleichzeitig teilt Ihnen Word in der Meldungszeile mit, wieviele Zeichen in Ihrem Text abgespeichert sind, und wieviele Bytes (das entspricht der Anzahl der Zeichen) auf Ihrer Diskette, bzw. Festplatte noch zur Verfügung stehen. Diese Angabe verschwindet wieder, sobald sie irgendeine Taste betätigen.

Ihr Text ist jetzt auf der Diskette, bzw. Festplatte abgespeichert, wo Sie ihn beliebig lange aufbewahren, aber auch jederzeit wieder ändern können. Sie erinnern sich doch an Kapitel 3, wo es um den Nutzen von Disketten und Festplatten ging?

4.4 Tippfehler ausmerzen

Wenn Ihr PC anders reagiert als in diesem Kapitel beschrieben, sollten Sie nicht verzweifeln. Mit größter Wahrscheinlichkeit hat mit Ihrem Word-Programm schon mal jemand anders gespielt und dabei einige Einstellungen geändert. Schauen Sie in das Kapitel 9.2.

Jetzt ist es an der Zeit, daß Sie Ihren Text fehlerfrei machen.

Drücken Sie so oft die Taste

rechts oben auf dem Ziffernblock, bis der Anfang Ihres Textes auf dem Bildschirm erscheint. Gehen Sie ihren Text durch und suchen Sie Fehler.

Wenn Sie irgendwo einen Tippfehler entdecken, gehen Sie je nach der Art des Fehlers vor:

- **Wenn ein falscher Buchstabe getippt ist:**

  Verwenden Sie die Tasten mit den entsprechenden Richtungspfeilen (sog. Cursor-Tasten), um die Schreibmarke auf den falschen Buchstaben zu bringen. Betätigen Sie die Taste

  Damit löschen Sie den falschen Buchstaben. Anschließend tippen Sie den richtigen, der sofort an dieser Stelle eingefügt wird.

- **Wenn ein Buchstabe (oder sonstiges Zeichen) zuviel geschrieben wurde**, verfahren Sie wie eben, um den falschen Buchstaben zu löschen.

- **Wenn ein Buchstabe fehlt:**

  Bringen Sie die Schreibmarke auf das Zeichen, vor dem der fragliche Buchstabe fehlt[3], und tippen ihn dann ein. Beachten Sie beim Verbessern von Fehlern folgendes:

---

[3] Achtung: Das funktioniert nur dann, wenn Sie nicht zuvor die F5-Taste gedrückt hatten. Wenn Sie die F5-Taste gedrückt hatten, finden Sie in der Statuszeile vor "Microsoft Word Dateiname" die Buchstabe ÜB (für Überschreibemodus). Ist dies der Fall, drücken Sie die F5-Taste einfach nochmal, damit das "ÜB" wieder weggeht.

Die Rück-Taste

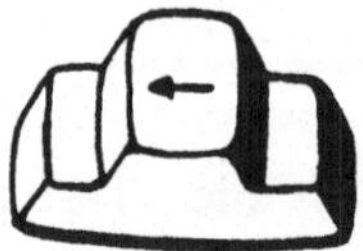

löscht das Zeichen, das links von der Schreibmarke steht. Diese Taste eignet sich also gut zum Löschen des jeweils zuletzt getippten Zeichens.

Die Lösch-Taste

löscht das Zeichen, auf dem die Schreibmarke steht.

Wenn Sie beim Verbessern am unteren Rand des Bildschirms angekommen sind, können Sie die Taste

betätigen. Word zeigt Ihnen dann den unmittelbar anschließenden Textteil auf dem Bildschirm.

4.5 Text formatieren

Um Ihren Text in eine gefällige Form zu bringen, müssen Sie ihn formatieren. Die Einzelheiten zum Formatieren sagen wir Ihnen in Kapitel 5. Hier und jetzt bringen Sie Ihren Text nur mal spaßeshalber in die Form des Blocksatzes; das bedeutet: Der Text soll so wie in diesem Buch links und rechts "strammstehen".

Dazu gehen Sie wie folgt vor:

- Sie betätigen die altbekannte Taste

- Sie drücken so oft die Leertaste, bis der Befehl

  FORMAT

  hell unterlegt ist.

- Danach drücken Sie die Taste

Sodann sieht der Befehlsbereich wie folgt aus:

```
FORMAT: Zeichen Absatz Tabulator Fußnote Bereich Kopf-/Fußzeile Druckformat

Wählen Sie bitte eine Option oder geben Sie deren Anfangsbuchstaben ein!
Seite 1    ()                                  Microsoft Word:
```

- Jetzt drücken Sie auf die Leertaste, so daß der Befehl

  ABSATZ

  hell unterlegt ist.

- Sodann betätigen Sie wieder die Taste

Danach sieht der Befehlsbereich so aus:

```
FORMAT ABSATZ Ausschließung: Links Zentriert Rechts Block
 Linker Einzug:              Erste Zeile:             Rechter Einzug:
 Zeilenabstand:              Anfangsabstand:             Endeabstand:
 Selbe Seite: Ja Nein        Nächster Absatz selbe Seite: Ja Nein
 Nebeneinander: Ja Nein
Wählen Sie bitte eine Option!
Seite 1    ()                                  Microsoft Word:
```

Jetzt haben Sie kein Befehlsmenü mehr vor sich, sondern mehrere sogenannte Befehlsfelder, die Sie entsprechend Ihren Wünschen ausfüllen können. Gleich im ersten Befehlsfeld mit dem Namen "AUSSCHLIESSUNG" ist die Position "LINKS" hell unterlegt, das bedeutet, daβ der Text linksbündig angelegt ist. Das wollen Sie ändern, damit der Text in die Form des Blocksatzes gebracht wird.

- Sie nehmen wieder so oft die Leertaste, bis die Position

  BLOCKSATZ

  hell unterlegt ist.

Danach sieht der Befehlsbereich so aus:

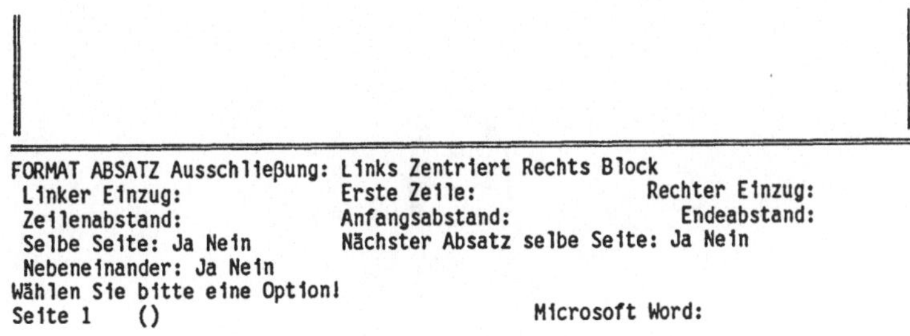

- Danach drücken Sie nochmals die Taste

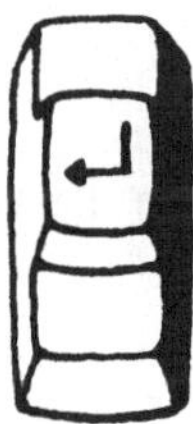

Sie sehen jetzt auf dem Bildschirm, wie Ihr Text entsprechend Ihrer Formatzuweisung umgestaltet wird.

Anschlieβend sollten Sie Ihren Text wieder in seiner neuen Gestalt auf Diskette oder Festplatte speichern, indem Sie genauso vorgehen, wie oben (Kapitel 4.3) dargestellt.

4.6 Text drucken

Jetzt ist die Zeit gekommen, an das Ausdrucken des Textes zu denken.

Leider müssen Sie es unter Umständen im Augenblick beim "daran Denken" belassen. Manche Drucker und manche Personal Computer vertragen sich nicht gut und weigern sich, miteinander zusammenzuarbeiten. Sollte dieser Fall bei Ihnen auftreten, überspringen Sie das Drucken einfach und machen weiter, bis Sie in Kapitel 9.1 mehr über das Drucken mit Word erfahren. Unser Buch ist so aufgebaut, daβ Sie auch ohne Drucker ein Word-Profi werden können.

Wenn Sie drucken wollen, gehen Sie folgendermaβen vor:

- Sie drücken die Taste

- Sie betätigen so oft die Leertaste, bis der Befehl

  DRUCK

  hell unterlegt ist.

- Sodann klopfen Sie auf die Taste

Danach sieht der Befehlsbereich so aus:

```
DRUCK: Drucker Serienbrief Sofort Platte/Diskette Optionen
       Warteschlange Umbruch_Seite Textbaustein
Wählen Sie bitte eine Option oder geben Sie deren Anfangsbuchstaben ein!
Seite 1    ()                                  Microsoft Word:
```

- Sie betätigen so oft die Leertaste, bis der Befehl

  OPTIONEN

  hell unterlegt ist.

- Jetzt nochmals die Taste

Danach sieht der Befehlsbereich so aus:

```
DRUCK OPTIONEN Drucker: TTY
 Konzept: Ja(Nein)        Warteschlange: Ja(Nein) Exemplare: 1
 Umfang:(Alles)Markierung Seiten                  Seitenzahlen:
 Vorschub: Seite Endlos(Schacht1)Schacht2 Schacht3 Verschiedene
 Absatzkontrolle:(Ja)Nein                         Druckeranschluß: LPT1:
Geben Sie bitte einen Druckernamen ein oder wählen Sie einen!
Seite 1    ()                                  Microsoft Word:
```

Sie müssen in diesem Schritt Ihrem Word-Programm mitteilen, welchen Drucker Sie zum Drucken verwenden werden.

- Hierzu betätigen Sie eine der Richtungstasten (bitte nicht erschrecken!).

Danach sieht Ihr Bildschirminhalt in etwa wie folgt aus:

```
ASCII           FUJI2400        IBMGRAPH        TOSH1340
ASCIIGER        HISSEK_2        IBM6750         TOSH1351
ASCIIUS         HPLJ_D          IBMPRO          TOSH351
CANON           HPLJ_E          IBMQUIET        TTY
CORONA          HPLJ_F          IBMWHEEL        TTYBSGER
D630            HPLJ_LA         ITOH8510        TTYBSUS
D630ECS         HPLJ_LSO        MSPRINT         TTYFF
EEX800          HPLJ_PA         MT290           TTYFFGER
EFX85           HPLJ_PSO        NECP2           TTYFFUS
ELQ800          HR2024LD        NECP5           TTYGER
ELX90           HR2024LW        NECP5Q          TTYUS
EXP550          HR5DDDP         OLY3000D        TTYWHEEL
EXP550PS        HR5DDWP         PT88            TTYWHGER
EXP770          HRX5            PT88IBM         TTYWHUS
EXP770PS        HRX5XL          STARNL

DRUCK OPTIONEN Drucker: ASCII
 Konzept: Ja(Nein)         Warteschlange: Ja(Nein) Exemplare: 1
 Umfang:(Alles)Markierung Seiten                    Seitenzahlen:
 Vorschub: Seite Endlos(Schacht1)Schacht2 Schacht3 Verschiedene
 Absatzkontrolle:(Ja)Nein                        Druckeranschluß: LPT1
Geben Sie bitte einen Druckernamen ein oder wählen Sie einen!
Seite 1    ()                                 Microsoft Word:
```

- Jetzt betätigen Sie so oft die entsprechenden Richtungstasten, bis die Bezeichnung für Ihren Drucker hell unterlegt ist.

Angenommen, Sie haben den IBM-Graphikdrucker, dann sieht Ihr Bildschirm ungefähr so aus:

```
ASCII           FUJI2400        IBMGRAPH        TOSH1340
ASCIIGER        HISSEK_2        IBM6750         TOSH1351
ASCIIUS         HPLJ_D          IBMPRO          TOSH351
CANON           HPLJ_E          IBMQUIET        TTY
CORONA          HPLJ_F          IBMWHEEL        TTYBSGER
D630            HPLJ_LA         ITOH8510        TTYBSUS
D630ECS         HPLJ_LSO        MSPRINT         TTYFF
EEX800          HPLJ_PA         MT290           TTYFFGER
EFX85           HPLJ_PSO        NECP2           TTYFFUS
ELQ800          HR2024LD        NECP5           TTYGER
ELX90           HR2024LW        NECP5Q          TTYUS
EXP550          HR5DDDP         OLY3000D        TTYWHEEL
EXP550PS        HR5DDWP         PT88            TTYWHGER
EXP770          HRX5            PT88IBM         TTYWHUS
EXP770PS        HRX5XL          STARNL

DRUCK OPTIONEN Drucker: IBMGRAPH
 Konzept: Ja(Nein)         Warteschlange: Ja(Nein) Exemplare: 1
 Umfang:(Alles)Markierung Seiten                    Seitenzahlen:
 Vorschub: Seite Endlos(Schacht1)Schacht2 Schacht3 Verschiedene
 Absatzkontrolle:(Ja)Nein                        Druckeranschluß: LPT1
Geben Sie bitte einen Druckernamen ein oder wählen Sie einen!
Seite 1    ()                                 Microsoft Word:
```

> Wenn Sie Ihren Drucker in der Liste nicht gefunden haben, dann sollten Sie den Druckversuch hier abbrechen,

indem Sie die Taste

betätigen.

Ansonsten, wenn Sie also Ihren Drucker in der Liste gefunden und mit Hilfe der Richtungspfeile hell unterlegt haben,

- drücken Sie wieder die Taste:

Danach sieht der Befehlsbereich so aus:

```
DRUCK: Drucker Serienbrief Sofort Platte/Diskette Optionen
       Warteschlange Umbruch_Seite Textbaustein
Wählen Sie bitte eine Option oder geben Sie deren Anfangsbuchstaben ein!
Seite 1    ()                                   Microsoft Word:
```

Dabei wird noch folgender Word-Service wirksam:

> Wenn Sie Word einmal mitgeteilt haben, welchen Drucker Sie besitzen, merkt sich Word diese Angabe so lange, bis Sie sie wieder ändern.

Spätestens jetzt müssen Sie Ihren Drucker einschalten, mit Papier bestücken und auch sonst betriebsbereit machen.

- Sodann drücken Sie die Taste

Jetzt müssen Sie unter Umständen ein oder zwei mal mit "j" bestätigen (d.h. ein oder zweimal ein "j" eintippen), so wie es in der Meldungszeile angefordert wird, dann fängt Ihr Drucker an zu drucken.

Falls nichts passiert, können Sie den DRUCK-Befehl wieder verlassen, indem Sie die Taste

drücken. In der Meldungszeile erscheint dann die Aufforderung

Geben Sie J ein wenn Sie weiterdrucken wollen oder unterbrechen Sie!

Drücken Sie also nochmals die Taste

damit Sie wieder ins Hauptbefehlsmenü kommen.

Wenn es Ihnen nicht gelingt, aus dem DRUCK-Befehl herauszukommen, müssen Sie im Kapitel 9.10 beim Abschnitt "Wenn Ihr Rechner hängt" nachsehen.

4.7 Die Sitzung mit Word beenden

Sie müssen das Programm Word immer auf eine bestimmte Art und Weise beenden, nämlich mit dem Befehl QUITT. Sie sollten nicht einfach die Programmdiskette herausnehmen oder Ihren Personal Computer ausschalten.

Sie gehen also wie folgt vor:

- Sie betätigen mal wieder die Taste

- Sodann nehmen Sie so oft die Leertaste, bis der Befehl

  QUITT

  hell unterlegt ist.

- Abschließend betätigen Sie nochmals die Taste

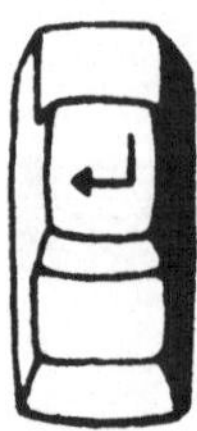

Danach sieht der Befehlsbereich so aus:

```
QUITT:

Geben Sie J ein wenn Sie speichern möchten N wenn nicht oder unterbrechen Sie!
Seite 1    ()                                Microsoft Word:
```

- Ganz zum Schluß tippen Sie noch den Buchstaben

Anschließend hören Sie wieder etwas geräuschvolle Geschäftigkeit aus den Laufwerken. Wenn auf dem Bildschirm der Word-Rahmen verschwunden ist und die Tätigkeit in den Laufwerken aufgehört hat, d.h. wenn die Kontrollampen der Laufwerke endgültig ausgegangen sind, ist die Word-Sitzung beendet. Auf dem Bildschirm steht jetzt, wenn Sie einen Rechner mit zwei Diskettenlaufwerken haben:

A>_

oder, wenn SIe ein Gerät mit einer Festplatte benutzen:

C>_

oder, wenn auf Ihrer WORD-Diskette kein Betriebssystem vorhanden ist:

COMMAND.COM Diskette einlegen in Laufwerk A:
Wenn bereit, eine Taste betätigen

Wenn Sie mit Ihrem Personal Computer noch etwas anderes als Textverarbeitung mit Word machen wollen, gehen Sie entsprechend vor.

Falls Sie genug haben, können Sie Ihren Personal Computer getrost schlafen legen, indem Sie ihn einfach ausschalten. Wir wagen allerdings zu bezweifeln, ob das Abschalten bei Ihnen selber auch so einfach geht. Falls doch:

Träumen Sie süß.

5 Die Steuerung des Programms Word

In diesem wichtigen Kapitel werden Sie lernen,

- **wie Sie das Programm Word steuern**
- **wie Sie Hilfe bekommen**
- **was Sie dabei mit Ihrer Maus machen können**

Da sie mit diesem Wissen und Ihrer Kreativität bereits fast alle Möglichkeiten des Programms beherrschen werden, dürfen Sie dieses Kapitel keinesfalls überlesen oder nur überfliegen.

Vielmehr sollten Sie versuchen, sich die hier aufgezeigten Konzepte möglichst genau einzuprägen - Sie werden bald durch weniger Fehler und mehr Freude im Umgang mit Word belohnt werden.

Wenn Sie unheimlich praktisch veranlagt sind und alles gleich ausprobieren müssen, starten Sie Word und vollziehen alles hier Beschriebene gleich nach. Ausführliche Übungen zu diesem Stoff finden Sie dann am Ende dieses Kapitels.

Microsoft Word wird mit zwei verschiedenen Werkzeugen gesteuert. Dazu muß der Bediener zwischen zwei Arbeitsweisen umschalten: dem Textmodus und dem Befehlsmodus.

Der Textmodus

Nach dem Starten befindet sich Word im Textmodus: Hier können Texte eingegeben, Tippfehler korrigiert werden, Sie können im Text blättern. Alle diese Funktionen werden durch Tastendruck erreicht. Später lernen Sie noch einige Sonderfunktionen kennen.

Der Befehlsmodus

Im Befehlsmodus kann jeweils einer der Befehle, die am unteren Bildschirmrand sichtbar sind, ausgeführt werden. Diese Befehle sind mächtiger als die oben erwähnten Tastendrücke, oft benötigen sie noch zusätzliche Angaben - daher kann man sie nicht auf "Tastendruck" legen.

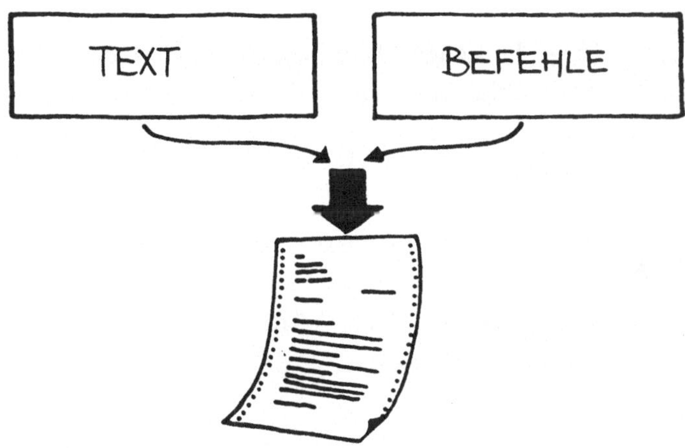

5.1 Der Textmodus

Im Kapitel "Eine erste Sitzung mit Word" haben Sie bereits die wichtigsten Tastendrücke gelernt; daher hier nur noch einmal eine kurze Zusammenfassung:

Eine Taste mit einem Buchstaben, einer Zahl oder einem Sonderzeichen drauf schreibt dieses Zeichen genau dorthin, wo die Schreibmarke gerade steht. Wehe, wenn's anders wär.

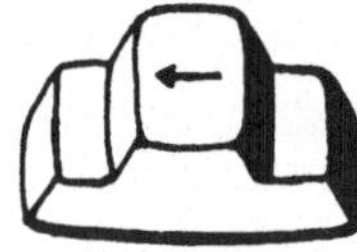

Die **Rück-Taste** löscht das zuletzt eingegebene Zeichen. Sie entspricht der Korrektur-Taste an der Schreibmaschine. Verwechseln Sie nicht die Rück-Taste (grau) mit der Pfeil-Links-Taste (weiß über der 4 des Ziffern-Blocks)!

Die **Lösch-Taste** (delete, sprich "diliht", engl: 'löschen') (am IBM PC/AT heißt diese Taste 'Lösch') löscht das Zeichen, auf dem die Schreibmarke gerade "steht".

Die **Return-Taste** (sprich "ri-törn", engl: 'zurückkommen') bewirkt "Absatzende": Hier ist der Absatz zu Ende, eine sogenannte "Absatz-Ende-Marke" wird erzeugt, ein neuer Absatz wird begonnen. (Wir Menschen erkennen Absätze am freien Platz drumherum, ein Programm braucht ein "Satz-Zeichen" wie Komma, Punkt oder eben eine Absatz-Endemarke).

(Page Up, engl: 'Seite hoch') (am IBM PC/AT heißt diese Taste 'Bild_Auf') schiebt das Bildschirmfenster um eine Seite (also 20 Zeilen) im Text nach oben. Diese Taste heißt also **Blättern rückwärts.**

(Page Down, engl: 'Seite runter') (am IBM PC/AT heißt diese Taste 'Bild_Ab') schiebt das Bildschirmfenster um eine Seite (also 20 Zeilen) im Text nach unten. Diese Taste heißt also **Blättern vorwärts.**

Die **Pfeil-Tasten** bewegen die Schreibmarke in der angegebenen Pfeilrichtung im Text. Man nennt sie auch häufig "Cursor-Tasten" (cursor, sprich "körser", engl: 'Läufer'), aber auch "Richtungstasten".

Für das Verständnis dieses Kapitels müssen Sie noch eine weitere Funktion von Word im Textmodus kennenlernen: Das **Markieren** (deutsch: draufzeigen). Sie wissen bereits, daß die Schreibmarke immer schon ein Zeichen im Text markiert, und zwar das, auf dem sie gerade steht.

Wollen Sie nun auf mehrere Zeichen zugleich zeigen, um mit diesen etwas zu machen (zum Beispiel löschen oder fett darstellen), steht Ihnen in Word die Markier-Funktion zur Verfügung. Einige weitere **Markier-Tasten** lernen wir später kennen, hier nur eine neue Taste:

Die Funktionstaste f6 heißt **Erweitern**; Nach Tippen dieser Taste können Sie die Stelle, auf die die Schreibmarke zeigt, mit den Pfeiltasten erweitern. Das sieht dann aus, als ob die Schreibmarke breiter würde.

Ist die Funktion eingeschaltet, finden Sie die Anzeige **ER** in der untersten Zeile des Bildschirms. Nach einem weiteren Betätigen der Taste **f6** ist die Funktion wieder ausgeschaltet.

Nun, das sind zuerst einmal die wichtigsten Tasten und ihre Funktionen im Textmodus. Im Kapitel "professionelle Textverarbeitung mit Word" lernen Sie noch weitere Funktionen kennen. Wenn Sie gerne jetzt schon einen Überblick über **alle Tasten und ihre Funktionen** haben möchten, sehen Sie bitte im Anhang nach: Sie finden dort eine vollständige Tastatur-Beschreibung.

Haben Sie sich aus irgendwelchen Gründen entschieden, einen anderen Rechner als den IBM Personal Computer zu kaufen, haben Sie sich das sicherlich gut überlegt und für Ihren Bedarf auch richtig gehandelt. Da Sie uns aber nicht gesagt haben, welchen Rechner Sie besitzen, müssen Sie sich Ihre Tasten zu unserer Beschreibung auch selbst heraussuchen. Das wird Ihnen aber mit der entsprechenden Tastatur-Tabelle nicht schwerfallen. Wenn Sie keine solche Tabelle haben, machen Sie sich doch selbst eine! Es macht Spaß und lohnt sich!

5.2 Der Befehlsmodus

Wollen Sie mehr als nur Zeichen einfügen, löschen oder im Text blättern, müssen Sie das Word mit dessen **Befehlen** mitteilen. Zum Glück hat Word eine deutsche Befehls-Sprache, und zum Glück ist sie systematisch, so daß wir sie mühelos lernen können. Ja es macht sogar Spaß, durch Aneinanderreihen von Worten aus unserer Umgangssprache einem Computer Anweisungen zum Handeln geben zu können. Wo ist Ihnen das sonst schon begegnet?

Mit der Taste **(esc)** (sprich "ess-kehp", engl: 'entfliehe') (am IBM PC/AT heißt diese Taste 'Eing Lösch') gelangen Sie aus dem Textmodus in den Befehlsmodus. Sie sehen, daß der erste Befehl auf Ihrem Bildschirm grün unterlegt ist; Word schlägt Ihnen diesen vor.

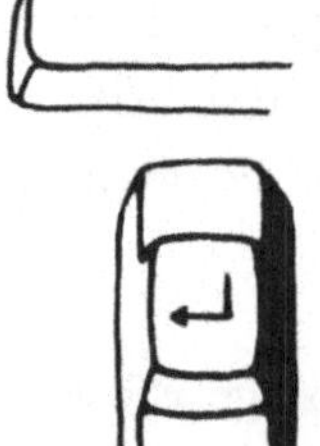

Mit der Taste **(leer)** schieben Sie den grünen Balken von Befehl zu Befehl; Sie wählen damit den jeweils nächsten Befehl aus. Nach dem letzten wird wieder der erste ausgewählt.

Mit der Taste **(return)** (sprich "ri-törn", engl: 'zurückkommen') führen Sie einen angewählten Befehl aus.

Die verschiedenen Befehle erwarten danach noch unterschiedlich viele Eingaben. Wie's weiter geht, sehen Sie sofort.

Wenn ein Befehl ausgeführt worden ist, befindet sich Word wieder im Textmodus.

Geht Ihnen **(leer)** ... **(leer)** **(return)** nicht schnell genug, können Sie einen Befehl auch durch Eingabe seines Anfangsbuchstabens **auswählen und zugleich ausführen** lassen.

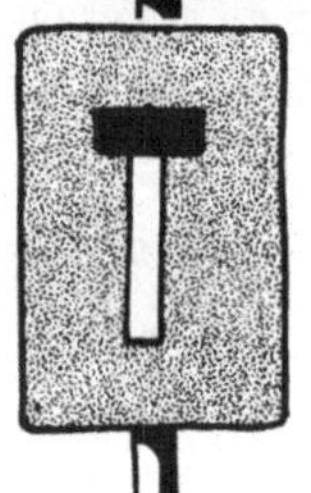

Sind Sie nun irgendwo tief in der Befehlsauswahl versunken oder Sie haben sich hoffnungslos verirrt oder Sie wollten einfach einmal spicken und stellen nun fest, daß Sie den Befehl gar nicht ausführen lassen wollen, geht's so zurück:

schiebt den grünen Block wieder auf den Befehl "TEXT" zurück, **(return)** führt den Befehl TEXT aus und versetzt Word damit wieder in den Textmodus.

Wenn Sie eine Maus haben, geht das alles natürlich viel schneller und lustiger. Lesen Sie bitte weiter hinten in diesem Kapitel: "Wenn Sie eine Maus haben".

<u>Aber</u>: Auch wenn Sie eine Maus haben, sollten Sie trotzdem wissen, wie man Word ohne Maus steuert! Sparen Sie sich daher bitte den erwähnten Abschnitt als Gutsle (sprich: "Guetsle", schwäbisch: etwas Gutes, meist süß) für später auf.

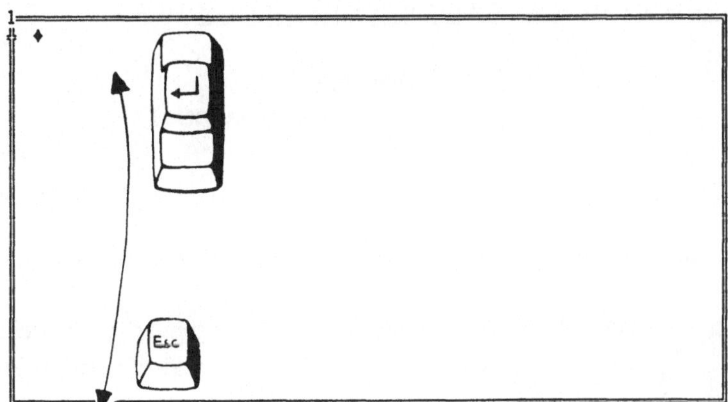

Nun kennen viele Word-Befehle noch **Befehls-Untermenüs**, aus denen Sie einen von mehreren angebotenen Unterbefehle aussuchen dürfen. Sie wählen ihn genauso aus, wie einen Befehl aus dem Hauptmenü (also durch mehrmaliges Drücken der Leertaste oder durch Eingabe seines Anfangsbuchstabens).

Weitere zusätzliche Ankreuz-Möglichkeiten (zum Glück alle auf dem Bildschirm sichtbar und alle in deutsch!) werden Ihnen von manchen Befehlen auf den Bildschirm gezaubert. Sehen wir uns das einmal am Befehl Übertragen Laden an.

Starten Sie bitte nun Ihre Word-Maschine und üben Sie zu unserem Beispiel gleich mit:

(esc)
Übertragen
Laden

(esc) versetzt Word in den Befehlsmodus, **Übertragen** (durch x-mal Drücken der Leertaste oder einmal Ü) holt das Befehls-Untermenü Übertragen hervor, **Laden** holt nun das letzte Menü zum Ausfüllen. Hier steht nun:

Dateiname:
Schreibschutz: ja (nein)

Word will nun also mehrere Dinge von Ihnen wissen. Sie haben die Wahl:

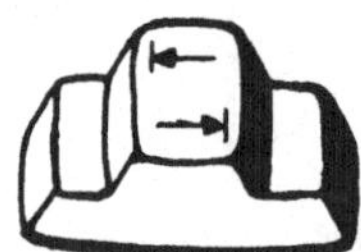

springt von "Dateiname"1 zu "Schreibschutz" zu "Dateiname" zu ... . mit dieser Taste können Sie also entscheiden, **zu welcher Frage** Sie eine Angabe machen möchten. Bleiben Sie einmal bei Schreibschutz stehen:

Sind Sie dort gelandet, wo Word mehrere Möglichkeiten anbietet (wie hier bei "Schreibschutz"), können Sie mit der Leertaste eine der angebotenen Möglichkeiten ankreuzen (= mit dem grünen Balken unterlegen). Die gerade gültige Einstellung ist **grün unterlegt** oder **eingeklammert**.

---

1 Eine Datei ist ein Behälter mit einem Namen, in dem man Daten (Texte, Formatwünsche, Programme, ...) aufbewahren kann. Dateien können bei Personal Computern auf Disketten gespeichert werden.

Will Word von Ihnen eine Antwort zu einer Frage, zu der es viele mögliche Antworten gibt, dürfen Sie Word um Auskunft fragen: Betätigen Sie eine der Pfeiltasten, Word wird Ihnen die Liste aller zulässigen Antworten auf dem Bildschirm darstellen. Sie dürfen dann (wieder mit den Pfeiltasten) eine der Antworten ankreuzen.

Also: Kreuzen Sie bei "Schreibschutz" das Nein an und fragen Sie Word, welche Dateinamen es denn zum Laden anbietet:

Dateiname:	*(Pfeiltaste drücken)*
Schreibschutz:	**ja** *(nein)*

Nachdem Sie bei "Dateiname" eine Pfeiltaste gedrückt haben, sehen Sie nun mehrere Dateinamen (=Textnamen) auf Ihrem Schirm, von denen Sie einen auswählen können, indem Sie mit den Pfeiltasten den grünen Fleck dorthin schicken (wir sagen: ankreuzen). Nehmen Sie doch den Namen Ihres ersten Textes: **JAEGER.**

Mit **(return)** wird der Befehl dann endlich ausgeführt. Sie sehen jetzt Ihren Text auf dem Bildschirm.

5.3 So lesen Sie einen Word-Befehl

Schreiben wir also noch einmal diesen Befehl in der soeben eingeführten **einheitlichen Schreibweise für Befehlsfolgen** auf:

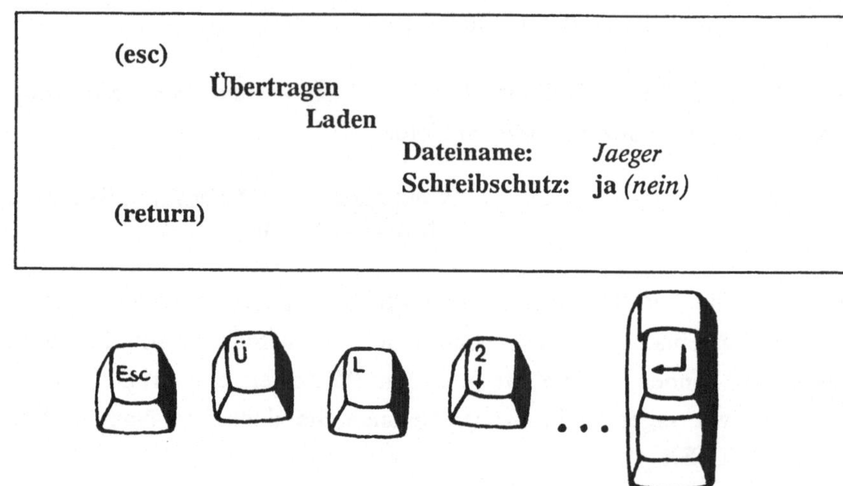

(esc)
Übertragen
Laden
Dateiname: *Jaeger*
Schreibschutz: **ja** *(nein)*
(return)

Kursiv geschriebene Texte sollen Ihnen zeigen, an welcher Stelle Sie etwas in zu dem Befehl eingeben sollen. In dem obigen Beispiel also den Namen Ihres Textes Jaeger (durch Auswahl) und die Antwort nein (durch Ankreuzen).

Freuen Sie sich jetzt! Sie haben für einen einzigen Befehl gelernt, wie man ihn ausführt, und können gleich alle anderen anwenden, weil's bei denen genauso geht!

5.4 Die Befehle von Word

In diesem Kapitel wollen wir das **Prinzip** von Word, nicht aber die **Einzelheiten** besprechen. Daher können wir auch nicht auf alle einzelnen Befehle eingehen.

Trotzdem finden Sie hier eine knappe Zusammenfassung aller Befehle von Word, damit Sie nicht länger im Dunkeln tappen. Bitte probieren Sie die nicht gleich alle aus, Sie brauchen noch mehr Wissen dazu.

Text bringt sie in den Textmodus zurück

Ausschnitt öffnet und schließt Fenster in Dateien und zeigt sie auf dem Bildschirm; Attribute und Farben der Ausschnitte können verändert werden.

Bibliothek enthält eine Sammlung zusätzlicher Leistungen: Silbentrennung, Rechtschreibung, Register, Sortieren.

Druck Drucker auswählen, Druckparameter einstellen, Seitenumbruch für den Bildschirm bestellen, drucken.

Einfügen Text aus dem Papierkorb (diesen lernen Sie im nächsten Kapitel kennen) oder einem Textbaustein einfügen

Format Zeichen, Absatz oder Bereich formatieren. Auch die Gestalt von Tabulatoren, Fußnoten, Kopf- und Fußzeilen wird mit diesem Befehl bestimmt.

Gehezu Bildschirmseite nach (Seitenumbruch) oder Fußnote auf den Bildschirm holen.

Hilfe Hilfetext aufschlagen (eine von 88 Seiten).

Kopie markierten Text in den Papierkorb () oder einen Textbaustein kopieren.

Löschen Markierten Text löschen, aber gleichzeitig in dem Papierkorb () oder einem Textbaustein aufbewahren.

Muster Häufig gebrauchte Formatwünsche dauerhaft vereinbaren (die besondere Stärke von Word!)

Quitt Sitzung mit Word beenden, auf Wunsch Text speichern.

Rückgängig Letzte Änderung am Text rückgängig machen.

Suchen Zeichenfolge im Text suchen lassen

Übertragen Text zur Bearbeitung "herholen", speichern; Bildschirm, ganzen Text oder Bausteine löschen.

Wechseln Zeichenfolge suchen und durch eine andere ersetzen lassen.

Zusätze Einige Einstellungen für die Arbeit mit Word wählen.

Im Handbuch **Microsoft Word Textverarbeitungsprogramm** finden Sie im Kapitel **'Verzeichnis der Befehle'** eine ausgezeichnete Zusammenstellung aller Befehle und ihrer Wirkungsweise in allen Einzelheiten.

Da wir dieses Verzeichnis nicht besser machen würden, verweisen wir an einigen Stellen darauf: Lesen Sie dort nach, wenn Sie etwas ganz Spezielles zu einem Befehl wissen wollen.

Sie haben in diesem Kapitel gelernt:

- wie man Texte in Word eingibt und Tippfehler verbessert
- wie man - zumindest prinzipiell - mit Befehlen umgeht.

5.5 Hilfe

Die Erfinder von Word haben gewußt, daß Sie lieber in den Bildschirm schauen, als in irgendein Handbuch. Selbst wir merken das und versuchen immer wieder, Ihre Aufmerksamkeit wenigstens für einen kurzen Moment zu erhaschen.

Microsoft Word verfügt daher über einen außerordentlich umfangreichen Hilfetext, den Sie bei Bedarf auf Ihren Bildschirm holen können. 88 Seiten warten auf Ihr Auge.

Word bietet Ihnen zwei Hilfe-Rufe an:

allgemeine Hilfe:

> Über den Befehl Hilfe erhalten Sie die erste der fast 100 Seiten Hilfe-Text aufgeschlagen. Zu dem Hilfetext erhalten Sie ein Befehlsmenü der Hilfefunktion, das Ihnen das Blättern im Hilfetext erlaubt.

Diese allgemeine Hilfe können wir nur denjenigen unter Ihnen empfehlen, die eine Nacht am Personal Computer mit Lesen verbringen wollen. Allen anderen empfehlen wir das Lesen am Tage in einem guten Buch.

gezielte Hilfe:

> Stehen Sie mitten in der Ausführung eines Befehls und wissen nicht weiter, können Sie gezielt Hilfe anfordern: denn Word weiß ja, an welchem Problem Sie gerade arbeiten: Die **Hilfe-Taste (alt)(?)**[2] schlägt Ihnen die richtige Seite im Hilfe-Buch zu Ihrem Problem auf.

Das ist wirklich eine wertvolle Funktion: Wenn Sie einmal wissen, **wie** Word arbeitet (und das ist ja nun der Fall!), können Sie in Zukunft ohne Handbuch arbeiten und sich bei Bedarf von Word das **Was** erläutern lassen.

Natürlich kommen Sie aus der gezielten Hilfe wieder an die gleiche Stelle zurück, von wo aus Sie diese aufgerufen haben. Und natürlich können Sie in der gezielten Hilfe auch vorwärts und rückwärts blättern, um Randprobleme mit zu betrachten.

---

[2] Drücken Sie bitte die Alternate-Taste und halten diese fest, danach drücken Sie die Taste mit dem Fragezeichen über dem Eszet und lassen danach alle beide Tasten wieder los.

Die nun auf dem Bildschirm sichtbare Hilfe beschränkt sich jedoch nur auf Ihr Word-Problem; das Lösen der verschlungenen Finger müssen Sie wie beim Klavierspielen durch häufige Fingerübungen trainieren.

5.6 Wenn Sie eine Maus haben

Wenn Sie eine **Microsoft Mouse** haben, haben Sie nun lange genug gewartet.

Bevor Sie jedoch das Tier mit dem langen Schwanz und der Kugel im Bauch anwenden können (legen Sie Ihre Maus einmal auf's Kreuz), müssen Sie einige Schritte befolgen, die jedoch bestens im Handbuch zur Mouse beschrieben sind.

Sie erhalten für Ihren Personal Computer verschiedenartige Mäuse: die "serielle" Maus braucht nur in die serielle Schnittstelle Ihres Rechners eingesteckt zu werden, sofern noch eine solche frei ist; die "Bus"-Maus benötigt mit der mitgelieferten Steckkarte einen freien Steckplatz in Ihrem Rechner. Zum Anschluß dieser Maus müssen Sie Ihren Rechner aufschrauben und die Mauskarte nach Anleitung einbauen.

Hier daher nur noch einmal die Schritte im einzelnen:

- Bauen Sie die Maus nach Anleitung in Ihren Rechner ein.

- Stecken Sie den Stecker am Mauskabel in die Buchse der Mauskarte.

- Kopieren Sie die Maus-Kommando-Datei von der mitgelieferten Maus-Programmdiskette auf Ihre Word-Programmdiskette oder Festplatte. Wenn Sie dazu keine Anleitung finden, nehmen Sie diese:

- Schalten Sie Ihren Rechner ein und starten Sie das Betriebssystem, wie im Kapitel "Was Sie über Ihren Computer wissen müssen" beschrieben.

- Legen Sie Ihre Word-Programmdiskette in das Laufwerk "A" und die Mouse-Diskette in das Laufwerk "B" Ihres Rechners. Führen Sie nun oben erwähnten Kopiervorgang aus (Wenn Sie eine Festplatte besitzen, gehört diese Datei natürlich dorthin!):

  A>copy b:mouse.* a: (return)

Nun können Sie Ihre Mouse-Diskette weglegen; Sie brauchen Sie nicht mehr.

- Vor jedem Start des Programms Word müssen Sie einmal den Befehl *mouse* geben, um die Maus zu aktivieren.

Wenn Sie Ihr Betriebssystem schon etwas besser kennen, können Sie sich diesen letzten Schritt auch "automatisch" bestellen: Lesen Sie in Ihrem PC-DOS-Handbuch unter dem Stichwort "Autoexec-Dateien" nach.

Nach der Eingabe des Befehls *mouse (return)* können Sie nun Word starten.

Was kann die Maus?

Sicher werden Sie schon bemerkt haben, daβ die Microsoft- Maus nur zwei Tasten hat: Sie können also keinen Text mit ihr eingeben!

Aber alles andere, was Sie sonst in Word machen können, können Sie auch mit der Maus, und zwar fast alles schneller und bequemer.

- Mit der Maus können Sie **"schneiden und kleben", Befehle ausführen** und alle anderen Arbeiten, die Sie jetzt noch nicht kennen, schnell und bequem ausführen.

Nach dem Start von Word bemerken Sie eine zweite, blinkende Schreibmarke[3] auf dem Bildschirm: Richtig, das ist der **Maus-Zeiger**. Bewegen Sie die Maus auf ihrer Unterlage nach oben, fährt auch der Maus-Zeiger auf Ihrem Bildschirm nach oben; Bewegungen der Maus in alle anderen Richtungen werden am Bildschirm entsprechend nachvollzogen.

---

3 Wenn Sie einen Graphik-Bildschirm haben, sehen Sie den Maus-Zeiger als kleinen schrägen Pfeil, sonst als kleines Quadrat auf dem Bildschirm. Für die Funktion der Maus hat das keine Bedeutung, lediglich Ihr Auge kommt - mit Graphik-Karte - in einen höheren Genuβ.

Sie können also durch entsprechende Bewegung der Maus auf ihrer Unterlage den Maus-Zeiger an **jede beliebige Stelle** des Bildschirms stellen: also im gesamten Text und auch im Befehlsmenü! Wozu das gut ist, zeigen wir gleich der Reihe nach. Doch zuerst etwas Grundsätzliches:

- Die **linke Maustaste** ist die "kleine" Taste: Sie bewirkt immer das Anwählen eines einzelnen Schrittes oder Zeichens. Verwenden Sie daher bei Ihren ersten Übungen immer diese Taste.

- die **rechte Maustaste** ist die "große" Taste: Sie bewirkt immer das Ausführen möglichst vieler Einzelschritte oder das Anwählen mehrerer Zeichen zugleich . Sie darf nur verwendet werden, wenn man sich der Wirkung vorher schon bewußt ist.

- drückt man **beide Maustasten zugleich**, bewirkt das bei Befehlen ein Zurücknehmen, entspricht also dem (esc) (return).

Merken Sie sich das doch mit einer Eselsbrücke: Wenn Sie **Rechtshänder** sind, fühlen Sie mit der Maus: Links schwach, rechts stark. Wenn Sie **Linkshänder** sind (wie ich), denken Sie: Links sensibel, rechts brutal. Sie sehen, selbst hier geht Word ganz speziell auf Ihre persönlichen Bedürfnisse ein.

Befehle eingeben mit der Maus

Wenn Sie eine unserer Befehlsfolgen lesen, also beispielsweise die untenstehende,

(esc)				
	Übertragen			
		Laden		
			Dateiname:	*Jaeger*
			Schreibschutz:	*(nein)* **ja**
(return)				

dann heißt das für Sie als Mausbesitzer:

1 Stellen Sie den Mauszeiger auf den Befehl **Übertragen** und drücken Sie den linken Mausknopf

2 Stellen Sie den Mauszeiger auf den Unterbefehl **Laden** und drücken Sie den linken Mausknopf

3 Geben Sie *Jaeger* über die Tastatur ein und drücken Sie die Taste (return)

4 Wenn Ihnen das Eintippen des Textnamens zu langweilig ist, stellen Sie nach Schritt 2) den Mauszeiger auf den hellen Fleck nach 'Dateiname' und drücken den rechten Mausknopf: Nun erscheinen die Namen aller Ihrer Texte auf dem Bildschirm. (Das entspricht der Frage-Funktion, die Sie bisher mit einer der Pfeiltasten ausgeführt haben).

Fahren Sie mit dem Mauszeiger auf den Namen des Textes, den Sie bearbeiten wollen und drücken den rechten Mausknopf: Klick, Ihr Text ist da.

Sie sehen, mit der Maus kann man ganz lässig Befehle ausführen. Linker Knopf = **Einzelschritt ausführen**, rechter Knopf = **möglichst viele Schritte ausführen.**

Text markieren mit der Maus

Hilfe, ich habe zwei Schreibmarken, welche gilt denn da?

Zum Text eingeben, löschen, ... gilt immer die 'normale' Schreibmarke. Sie können diese allerdings mit dem Mauszeiger woandershin bestellen, indem Sie

- den Mauszeiger auf ein beliebiges Zeichen im Text stellen
- und danach einen der beiden Mausknöpfe drücken: der **linke** Knopf stellt die Schreibmarke an die Stelle des Mauszeigers, der **rechte** Knopf markiert gleich das ganze Wort.

Wollen Sie mehrere Zeichen markieren, stellen Sie bitte den Mauszeiger auf das erste Zeichen, das Sie markieren wollen, drücken den linken Knopf und halten ihn fest. Bewegen Sie nun die Maus (und damit den Mauszeiger) in Richtung des letzten Zeichens, das Sie markieren wollen: Sie sehen, daβ der Mauszeiger auf seinem Weg einen grünen Balken hinterläβt: Die Zeichen sind markiert.

Sind Sie am Ziel angekommen, können Sie die Taste wieder loslassen; die Markierung bleibt bestehen. Nun können Sie die markierten Zeichen bearbeiten (löschen oder formatieren wie im Kapitel 4 gelernt).

Die Maus erlaubt Ihnen auch noch einige weiterreichende Markier-Funktionen. Die sparen wir uns aber für das Kapitel "Professionelle Textverarbeitung mit Word" auf.

Blättern mit der Maus

Stellen Sie den Mauszeiger ganz an den linken Bildschirmrand (der heiβt im Word-Handbuch 'Bildlauflinie'). Falls Sie einen Graphik-Bildschirm besitzen, sehen Sie, daβ der Zeiger sich in einen Doppelpfeil verwandelt hat. (Besitzen Sie keinen solchen Schirm, beeinträchtigt das jedoch nicht die Funktion). Auf Knopfdruck können Sie nun blättern:

- **linker Knopf**: Zurückblättern. Diese Funktion entspricht in etwa der Taste **PgUp**.

- **rechter Knopf**: Weiterblättern. Diese Funktion entspricht in etwa der Taste **PgDn.**

Sie können bestimmen, um wie viele Zeilen Sie blättern möchten: Stellen Sie den Mauszeiger ziemlich weit oben auf die Bildlauflinie und drücken einen der Knöpfe, wird um nur wenige Zeilen geblättert; stellen Sie den Zeiger ganz unten auf die Ecke, wird um einen ganzen Bildschirm geblättert.

Tip

> Wollen Sie, daß nach dem Vorwärtsblättern **eine ganz bestimmte Zeile** ganz oben stehen soll, stellen Sie den Mauszeiger in Höhe dieser Zeile an die Bildlauflinie und drücken den rechten Knopf.

Mit diesem **gezielten Blättern** können Sie also genau den Textbereich auf Ihren Bildschirm holen, den Sie gerade bearbeiten wollen. Praktisch, nicht?

Hilfe mit der Maus

Stellen Sie den Mauszeiger auf das Fragezeichen in der untersten Zeile des Bildschirms; drücken Sie eine der beiden Maustasten, und Sie bekommen eine aktuelle Hilfe.

Zurück geht's mit ↵ oder *Wiederaufnahme*.

5.7 Praktische Übungen

Nachdem Sie im ersten Teil dieses Kapitels die Word-Konzeption kennengelernt haben, will Ihnen der zweite Teil helfen, die Theorie in die Praxis umzusetzen, damit Sie die Word-Konzeption auch zu schätzen lernen. Wenn Sie die folgenden Beispiele mitgemacht haben, sollten Sie ruhig nochmals den ersten Teil des Kapitels über das Word-Konzept durchgehen, Sie werden dabei sicher zu neuen nützlichen Erkenntnissen gelangen.

Also es geht gleich los mit dem Training:

- Starten Sie Ihren PC mit dem Betriebssystem DOS, wie bei Kapitel 3.3 beschrieben.

- Starten Sie Word wie bei Kapitel 4.1 beschrieben.

Sobald der Word-Bildschirmaufbau fertiggestellt ist, schießen Sie los.

Natürlich sollten Sie Ihre "Textkanone" Word vor dem Schießen erst mit einem Text laden. Sonst müssen Sie mit dem Schießen so lange warten, bis Sie einen neuen Text eingetippt haben. Das wäre ja langweilig. Zum Laden nehmen Sie Ihren Text über die Jägerprüfung, den Sie in der ersten Sitzung mit Word eingegeben hatten:

- Laden Sie also den Text JAEGER:

> **(esc)**
> **Übertragen**
> **Laden**
> **Dateiname:** *Jaeger*
> **Schreibschutz: ja (nein)**
> **(return)**

Danach erscheint nach einigem Getöse in den Laufwerken der altbekannte Text auf dem Bildschirm.

Ihre erste eigentliche Aufgabe lautet nun:

Aufgabe 1:

Vor dem Satz, der mit den Worten "Wesentlich schwieriger ist..." anfängt, fügen Sie den Satz ein: "Ein etwas hinkender Vergleich besagt folgendes: "

Zur Lösung dieser Aufgabe können Sie wie folgt vorgehen:

- Stellen Sie die Schreibmarke auf das "W" von "Wesentlich". Dazu nehmen Sie entweder die Richtungstasten mit den Pfeilen oder Ihre Maus, falls Sie eine haben. In letzterem Fall gilt der einfache Grundsatz: hinfahren und drücken (den linken Knopf).

- Tippen Sie den Satz ein, den Sie einfügen wollen.

Aufgabe 2:

Nehmen Sie nun an, daß Ihnen die Formulierung des Textes so nicht gefällt; Sie wollen haben, daß der Satz lautet: "Nach einem etwas hinkenden Vergleich ist es beispielsweise wesentlich schwieriger, in Baden Württemberg die Jägerprüfung zu machen."

Hierzu können Sie im einzelnen so vorgehen:

- Stellen Sie die Schreibmarke auf das "E" des Satzes "Ein etwas hinkender..."
- An dieser Stelle tippen Sie das Wort "*Nach* " (mit einem Leerzeichen dahinter).
- Sie lassen das große "E" verschwinden, indem Sie die DEL-Taste drücken; Sie zaubern ein kleines "*e*" herbei, indem Sie es einfach eintippen.
- Sie bewegen die Schreibmarke auf das Leerzeichen hinter dem Wort "ein". Bitte nicht erschrecken, falls dort die Schreibmarke etwas breiter werden sollte, sie markiert trotzdem nur ein Zeichen. (Die größere Breite des Leerzeichens liegt am Blocksatz.)
- Jetzt tippen Sie einfach "*em*".
- Stellen Sie Ihre Schreibmarke auf das "r" des Wortes "hinkender".
- Lassen Sie das "r" verschwinden. Wie? Natürlich mit der Del-Taste.
- Zaubern Sie ein "n" herbei (einfach eintippen).
- Markieren Sie das Textstück "besagt folgendes: " und zwar einschließlich des Leerzeichens am Ende.

Wie? Ganz einfach:

1. Stellen Sie Ihre Schreibmarke auf das "b" von "besagt"

2. Drücken Sie einmal die Taste

(Danach erscheint in der Statuszeile die Buchstabenkombination ER zwischen dem Fragezeichen und "Microsoft ... ".)

BEFEHL: Text Ausschnitt Bibliothek Druck Einfügen Format Gehezu Hilfe Kopie
Löschen Muster Quitt Rückgängig Suchen Übertragen Wechseln Zusätze
Bearbeiten Sie bitte Ihren Text oder unterbrechen Sie zum Hauptbefehlsmenü!
Seite 1 () ? ER Microsoft Word:

3. Bewegen Sie die Schreibmarke zum "s" des Wortes "folgendes".

Das gewünschte Textstück ist jetzt markiert.

Mit der Maus geht das Markieren noch einfacher.

Stellen Sie den Mauszeiger auf das "b" von "besagt", drücken Sie den linken Knopf und halten Sie ihn fest. Jetzt verschieben sie die Maus so, daß der Zeiger auf das Leerzeichen hinter dem Doppelpunkt zeigt. Dann lassen sie den linken Knopf los und sehen, daß das gewünschte Textstück markiert ist.

Jetzt geht's in Ihrer eigentlichen Aufgabe weiter:

- Löschen Sie nun dieses Textstück, indem Sie die Del-Taste betätigen.

- Tippen Sie - ohne zuvor die Schreibmarke zu bewegen - die Worte "*ist es* ".

- Markieren Sie jetzt das Wort "beispielsweise " (einschließlich des ihm nachfolgenden Leerzeichens).

- Löschen Sie das Wort mit der Del-Taste.

- Stellen Sie die Schreibmarke auf das "W" des Wortes "Wesentlich". Fügen Sie das gelöschte Wort "beispielsweise" dadurch ein, daß Sie es mit der Taste

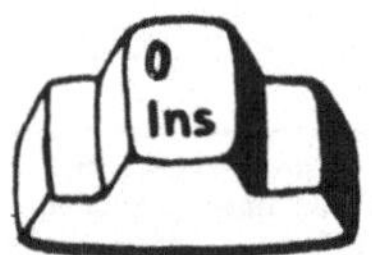

aus dem Papierkorb holen.

- Löschen Sie jetzt das große "W", auf dem Ihre Schreibmarke steht, und tippen Sie ein kleines "*w*" ein.

- Markieren Sie das überflüssige Wort "ist" (einschließlich des ihm folgenden Leerzeichens) und löschen Sie es.

- Stellen Sie die Schreibmarke auf den Punkt am Satzende.

- Tippen Sie ein Leerzeichen und dann die Worte "*zu machen*".

Bravo,

Sie haben Ihre Aufgaben glänzend gelöst!

Der Text sieht jetzt so aus, wie wir es haben wollten.

Lösen Sie jetzt folgende

Aufgabe 3:

Stellen Sie den Absatz, der mit den Worten "Denn bei dieser Prüfung ..." beginnt, so um, daß er lautet: "Bei dieser Prüfung muß nämlich der Kandidat in der Schrotdisziplin auf ..."

Versuchen Sie, es so zu machen, daß Sie möglichst wenig löschen und neu eintippen müssen.

Ein gangbarer Weg (einer von vielen) hierzu könnte der folgende sein:

- Das Textstück "Denn b" löschen.
- Ein großes "*B*" eintippen.
- "hat" löschen "*muß nämlich* " eintippen.
- "unter anderem ... erbringen: I" löschen.
- Ein kleines "*i*" eintippen.
- Das Wort "müssen " hinter dem Wort "Schrotdisziplin" löschen.
- Am Schluß des Satzes "... Treffer erzielt werden." das Textstück "t werd" löschen.

Alles klar? Ging doch ganz einfach, oder? Wenn nicht, sollten Sie eine kleine Pause machen und danach nochmals in aller Ruhe die Lösung der Aufgabe 2 studieren.

Jetzt haben Sie an Ihrem Text schon ganz schön viel gearbeitet, deshalb sollten Sie ihn in seiner augenblicklichen Fassung mal wieder auf Diskette speichern. Wie ging das doch gleich? ... Ach so ...

(esc)
Übertragen
Speichern
Dateiname: *JAEGER*
(Return)

Wenn Sie wollen, machen Sie an dieser Stelle eine kleine Pause. Falls Sie Ihrem Personal Computer auch etwas Ruhe gönnen wollen, verlassen Sie Word mit dem Befehl

(esc)
Quitt
(return)

und schalten Ihren PC danach ab. (Wenn Sie später weitermachen wollen, müssen Sie ihn und Word wieder starten. Schauen Sie in den Kapiteln 3.3 und 4.1 nach).

5.8 Silbentrennung bei der Texteingabe

So, nun denken Sie, da sind noch ein paar unschöne große Lücken im Text.

Das liegt daran, daß einige lange Worte vorkommen, die eigentlich getrennt werden müßten. Eine Trennung könnten Sie zwar einfach durch die Eingabe des Bindestrichs an der entsprechenden Stelle herbeiführen, das wäre aber zu voreilig, ja geradezu unklug. Sie wissen ja bereits, daß Word sehr flexibel ist, insbesondere was die Gestaltung und Umgestaltung der Texte anbetrifft, so daß es jetzt vielleicht noch gar nicht abzusehen ist, wo letztendlich die Trennungen der Wörter erfolgen müssen.

Wenn Sie jetzt denken, man müßte Word eigentlich sagen können, wo es im Falle eines Falles trennen soll, so haben Sie damit unter Beweis gestellt, daß Sie schon den richtigen Riecher für Word und seine Konzeption haben. Sie können Word durch die Eingabe von sogenannten Trennfugen mitteilen, wo ein Wort getrennt werden darf.

An welcher Stelle ein Wort getrennt werden darf, teilen Sie Word dadurch mit, daß sie an der entsprechenden Stelle durch Eingabe der Tastenkombination

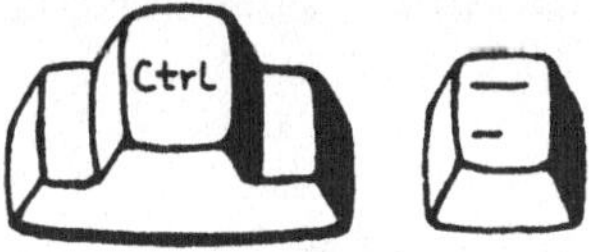

eine Trennfuge setzen.

Wird das Wort an dieser Stelle tatsächlich getrennt, erscheint ein Bindestrich, wird es nicht getrennt, bleibt auch der Bindestrich weg. Famos, was?

Word kann mittlerweile (ab Version 2.0) auch noch mehr. Sie können sich das Einfügen von Trennfugen erleichtern; Word kann nämlich auch dies für Sie erledigen. Näheres hierzu finden Sie in Kapitel 8.1. In diesem Kapitel wollen wir jedoch noch "zu Fuß gehen", deshalb:

Fügen Sie jetzt überall in den langen Wörtern des Textes solche Trennfugen ein. Erschrecken Sie nicht, wenn mal die Schreibmarke einfach verschwindet; Sie haben in diesem Fall versucht, eine bereits bestehende Trennfuge zu markieren. (Ist doch klar: Wenn Sie etwas Unsichtbares markieren, ist auch die Markierung unsichtbar. Oder?) Bewegen Sie die Schreibmarke einfach weiter.

Wenn Sie mal den Überblick verloren haben, wo schon Trennfugen sind und wo noch nicht, dann können Sie sich die Trennfugen sichtbar machen mit dem Befehl

(esc)
Zusätze
Sichtbar: nein (teilweise) alle
(Return)

Probieren Sie das ruhig mal aus, geben Sie den genannten Befehl ein. Sie sehen dann auch am Ende eines jeden Absatzes das Zeichen

¶

Das ist eine sogenannte Absatzmarke, an der Word erkennt, wo ein Absatz aufhört. Wenn Sie diese Darstellung verwirrt, können Sie sie mit dem Befehl

(esc)
Zusätze
Sichtbar: (nein) teilweise alle
(Return)

einfach wieder entfernen. Näheres zu dem nützlichen Befehl Zusätze finden Sie im Kapitel 9.2.

5.9 Mehr Übungen mit Word

So jetzt geht es wieder mit praktischen Übungen weiter. Es kommt sofort die

Aufgabe 4:

Kopieren Sie den zweiten und dritten Absatz Ihres Jägertextes an die Stelle vor dem letzten Absatz, der mit dem Wort "Deshalb" beginnt.

Hierzu können Sie folgendermaßen vorgehen:

- Markieren Sie die zwei Absätze, die Sie kopieren wollen.
- Geben Sie den Befehl

(esc)
Kopie
in: *( )*
(return)

- Stellen Sie Ihre Schreibmarke auf das "D" von "Deshalb". Geben Sie dann den Befehl

(esc) **Einfügen** **aus:** *( )* **(return)**

oder benutzen Sie statt des EINFÜGEN-Befehls einfach die Taste

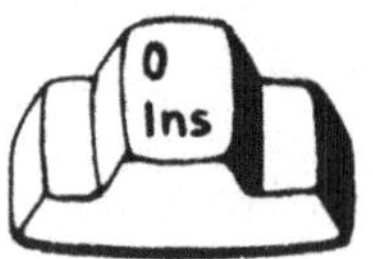

Wenn Sie eine Maus haben, geht das alles noch viel einfacher und schneller:

- Markieren Sie die zwei Absätze.
- Stellen Sie den Mauszeiger auf das "D" von "Deshalb", ohne jedoch zunächst einen Mausknopf zu drücken.
- Drücken Sie die Shift-Taste und halten Sie sie fest.

- Drücken Sie dann den linken Mausknopf und lassen ihn und die Shift-Taste wieder los.

Nachdem das alles so gut geklappt hat, lassen Sie sich von Word noch etwas komfortabler bedienen bei der Lösung von

Aufgabe 5:

Die drei Absätze, die Sie in der vorigen Aufgabe durch Kopie erzeugt haben, sollen nun so umgestaltet werden, daß sie sich statt auf die Jägerprüfung auf eine Wordprüfung beziehen.

Selbstverständlich sollen Sie das wieder mit möglichst wenig Tippaufwand bewerkstelligen. Verwenden Sie den Befehl WECHSELN; das bedeutet Suchen und Ersetzen.

Ersetzen Sie zunächst das Wort, bzw. den Wortteil "Jäger" durch "Word". Das geht so:

- Stellen Sie die Schreibmarke auf den Anfang des ersten der beiden neuen Absätze.

- Geben Sie den Befehl

> **(esc)**
> **Wechseln**
> **Ersetze:** *Jäger*
> **Durch:** *Word*
> **Mit Bestätigung: (Ja) Nein**
> **Graphie: Ja (Nein)**
> **NurWort: Ja (Nein)**
> **(return)**

Word sucht jetzt ab der Stelle, an der die Schreibmarke steht, wo das Textstück "Jäger" vorkommt und macht Ihnen immer dann, wenn es fündig geworden ist, einen Ersetzungsvorschlag, den Sie annehmen oder ablehnen können.

- Wenn Sie annehmen wollen, tippen Sie entsprechend der Anfrage in der Meldungszeile jeweils ein "*j*" ein.

- Ersetzen Sie jetzt nach demselben Schema "schwierig" durch "langweilig" mit dem Befehl

> **(esc)**
> **Wechseln**
> **Ersetze:** *schwierig*
> **Durch:** *langweilig*
> **Mit Bestätigung: (Ja) Nein**
> **Graphie: Ja (Nein)**
> **NurWort: Ja (Nein)**
> **(return)**

- Ersetzen Sie "Schrotdisziplin" durch "Schreibdisziplin" mit dem Befehl

> **(esc)**
> **Wechseln**
> **Ersetze:** *ot*
> **Durch:** *eib*
> **Mit Bestätigung: (Ja) Nein**
> **Graphie: Ja (Nein)**
> **NurWort: Ja (Nein)**
> **(return)**

- Ersetzen Sie "Kipphase" durch "Wordtext", Sie wissen ja schon, wie das geht.

- Ersetzen Sie "Treffer" durch "Änderung"; Ersetzen Sie "des Schusses" durch "der Eingabe"; Ersetzen Sie "kippt" durch "sich ändert".

In Ihrem Text sind jetzt nur noch ein paar grammatikalische Unebenheiten drin, deren Bereinigung wir allerdings vollständig Ihnen überlassen wollen.

Der Text soll nachher (ungefähr) so aussehen:

Das Textverarbeitungsprogramm Word ist relativ leicht zu lernen. Es reicht, wenn man weiß, wie man mit Disketten umgeht, aus welchen Elementen der IBM-PC besteht und wie man das Textverarbeitungsprogramm Word startet.

Nach einem etwas hinkenden Vergleich ist es beispielsweise wesentlich schwieriger die Jägerprüfung in Baden-Württemberg zu machen. Bei dieser Prüfung muß nämlich der Kandidat in der Schrotdisziplin auf zehn in gleicher Richtung laufende Kipphasen aus 35 Meter Entfernung mindestens vier Treffer erzielen. Als Treffer gilt, wenn infolge des Schusses beim einteiligen Kipphasen der Kipphase, beim mehrteiligen mindestens ein Teil desselben kippt.

Sie sollten deshalb froh sein, daß Sie nicht die schwierige Jägerprüfung machen müssen, sondern nur ein bißchen mit Word herumspielen.

Spielen ist einfach lustiger und angenehmer als Prüfungen machen.

Nach einem etwas hinkenden Vergleich ist es beispielsweise wesentlich langweiliger die Wordprüfung in Baden-Württemberg zu machen. Bei dieser Prüfung muß nämlich der Kandidat in der Schreibdisziplin auf zehn in gleicher Richtung laufende Wordtexte aus 35 Meter Entfernung mindestens vier Änderungen erzielen. Als Änderung gilt, wenn infolge der Eingabe beim einteiligen Wordtext der Wordtext, beim mehrteiligen mindestens ein Teil desselben sich ändert.

Sie sollten deshalb froh sein, daß Sie nicht die langweilige Wordprüfung machen müssen, sondern nur ein bißchen mit Word herumspielen.

Deshalb gibt es bei uns hier keine Wordprüfung.

Nachdem Sie dieses Kapitel durchgearbeitet haben, können Sie getrost auch schon mal eigene Texte mit Word bearbeiten.

Überfordern Sie sich aber nicht gleich zu Anfang, denn:

Aber auch wenn Sie schon ganz gut mit Word zurechtkommen, sollten Sie trotzdem unbedingt die weiteren Kapitel dieses Buches lesen. Sie werden sicherlich noch sehr viel Nützliches erfahren auf Ihrem Weg zum Word-Profi.

6 Formatieren: Das Aussehen der Texte gestalten

6.1 Welche Formatwünsche gibt es denn?

6.2 Format Zeichen

6.3 Format Absatz

6.4 Format Bereich

Denken Sie sich einmal in die Zeiten der guten alten Schreibmaschine zurück: Gleich beim Schreiben des ersten Briefes tauchen doch schon die ersten massiven Probleme auf:

Fall 1:

- Das Datum muß genau am rechten Papierrand stehen: Sie zählen also vom rechten Rand aus so viele Stellen zurück, wie für das Datum gebraucht werden, fährt mit der Leertaste nun genau an diese Stelle und tippt das Datum ein.

  Wenn es hinterher trotzdem nicht stimmt, weil Sie sich verzählt haben, denken Sie doch oft: 'Dann steht's halt nicht genau am rechten Rand'.

Fall 2:

- Hätten Sie vorher gewußt, daß der letzte Absatz auf der Seite Eins so lang wird, hätten Sie ihn gleich auf die Seite Zwei getippt; Nun, da es zu spät ist, gibt es eigentlich nur noch zwei Lösungen:

  Schneiden und Kleben (was sehr umständlich ist) oder mogeln (was sehr viele einfacher ist): Sie schreiben einfach anders, als geplant, nur damit der Absatz richtig auf das Papier paßt. Schließlich soll's ja in erster Linie gut aussehen.

Fall 3:

- Sie haben das Wort mitbringen unterstrichen und wollten aber Einladung unterstreichen; selbst wenn die Unterstreichung mit **TippEx** wieder ausgelöscht wird, können Sie den Brief nicht mehr verschicken - der Fehler ist nicht mehr gutzumachen.

Nach kurzem Nachdenken merken Sie also deutlich:

> Bei herkömmlichen Textsystemen ist jedes Textzeichen fest mit dem Wunsch verkettet, wie und wo es später einmal auf dem Papier stehen soll (Wir sprechen hier von unserem **Formatwunsch**).

Genau hier bietet das Programm Word uns sowohl die größte Überraschung als auch die größte Hilfe an:

> Mit Word können Text und Formatwunsch unabhängig voneinander bearbeitet werden

TEXT	FORMATWUNSCH

Aber das heißt ja, sagen Sie jetzt, daß man seinen Text irgendwie eingeben kann und alle Formatierungen nachträglich ausführen lassen kann, ohne irgendein Zeichen neu eingeben zu müssen?

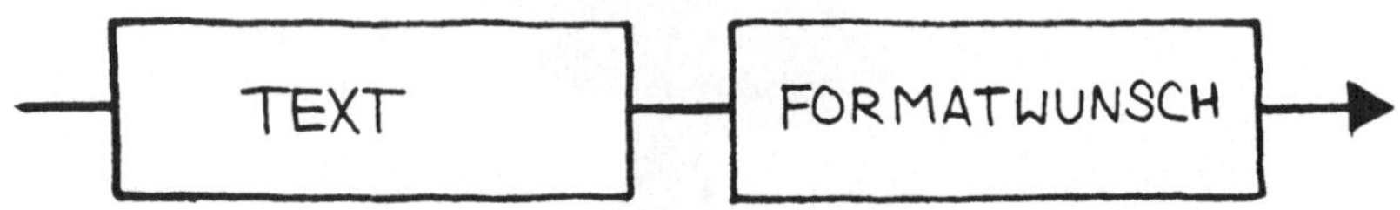

Oder, daß man zuerst seinen Formatwunsch anmeldet, und erst danach den Text eingibt?

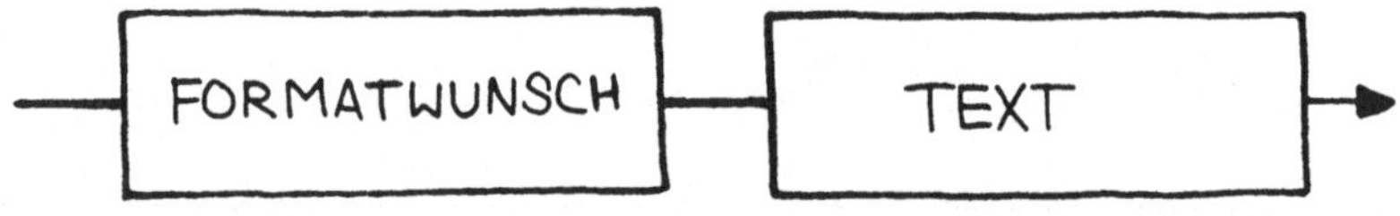

Genau das ist eines der wesentlichen Konzepte von Word: Man kann Text und Formatwunsch jederzeit einzeln und in allen Variationen frei bearbeiten.

Erst durch die Zuordnung eines Formatwunsches zu einem Text wird dieser Text formatiert; diese Zuordnung kann sowohl vor der Eingabe als auch danach zu beliebigen Teilen eines bestehenden Textes gemacht werden. Dabei können immer wieder andere Formatwünsche verwendet werden. Sie können also Ihren Text solange hin- und herformatieren, bis er Ihren Anforderungen entspricht.

Und, damit Sie die ganze Tragweite gleich erkennen: Alle Formatwünsche kann man einzeln (in Klartext!) bearbeiten: verändern, speichern, kopieren, löschen, also genauso komfortabel handhaben, wie den Text selbst.

Puh, soviel Neues auf einmal!

Bitte legen Sie hier eine Pause ein und lassen Sie sich die letzten drei Seiten nochmals durch den Kopf gehen:

> Hier steht nicht, wie Sie von der Schreibmaschine auf Word umlernen sollen, sondern die gute Nachricht, daß Sie mit der Benutzung von Word Ihr jahrelang (Schreib-) maschinengerecht geschultes Gedächtnis endlich von dieser unnötig aufgezwängten Last befreien können.

6.1 Welche Formatwünsche gibt es denn?

Word kennt im wesentlichen drei Strukturen in unserem Text, die Sie mit dem Kommando FORMAT, das Sie ja bereits kennengelernt haben, bearbeiten können. Dementsprechend gibt es auch für jede dieser drei Strukturen eigene Formatwünsche, die wir nun im einzelnen besprechen. Diese drei Strukturen sind:

Zeichen

> Eines oder mehrere aufeinanderfolgende Zeichen (Buchstabe, Ziffer, Sonderzeichen) bis zu allen Zeichen des Textes.

Absatz

> Ein zusammengehörender Textbereich, der in einem einheitlichen **Absatzformat** dargestellt werden soll. Ein Absatz besteht meistens aus einem oder mehreren Sätzen.

Bereich

> Ein zusammengehörender Textbereich, der im gleichen Papierformat (in Word: **Bereichsformat**) ausgedruckt werden soll. Ein Bereich besteht meistens aus mehreren Absätzen und umfaßt in der Regel unseren gesamten Text.

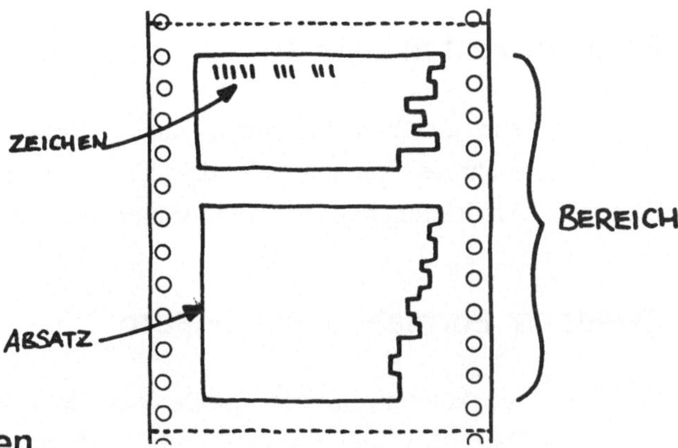

6.2 Format Zeichen

Zeichen: Mit dem Befehl FORMAT ZEICHEN können Sie zu einem oder mehreren Zeichen zugleich folgende Formatwünsche äußern:

- Fett	**Fett**
- Kursiv	*kursiv*
- Unterstrichen	unterstrichen
- Durchgestrichen	durchgestrichen
- Großbuchstaben	DAS WAREN KLEINE
- Kapitälchen	DAS AUCH
- Doppelt unterstrichen	siehe da!
- Hochgestellt	hochgestellt
- Tiefgestellt	tiefgestellt
- Schriftart	**zum Beispiel Helvetica**
	oder Letter Gothic
	oder Times Roman
- Schriftgrad	ganz klein, klein, mittel,
	groß, ganz groß

Das Auswählen und Zuordnen des Formatwunsches zu einem bestimmten Textbereich (also auch Zeichen) geschieht immer in zwei Stufen:

Erstens: Text markieren

Ein Zeichen ist immer mit der Schreibmarke markiert, mehrere können mit der Funktion Erweitern (F6 und Pfeiltasten, andere Tasten später) markiert werden.

Zweitens: Formatwunsch äußern

Sie können Formatwünsche aus einer Wunschliste heraus "bestellen" oder auch "direkt" äußern. Da Sie solch eine "Format-Wunschliste" noch nicht kennengelernt haben, sollen Sie Ihre ersten Formatwünsche direkt äußern.

Das hat jedoch nichts mit der **direkten Formatierung** zu tun, von der im Word-Handbuch leider an mehreren Stellen die Rede ist: Meiden Sie diese "direkte Formatierung", sie zerstört das gute Word-Konzept an manchen wichtigen Stellen (mehr in Kapitel 8.4: Verwenden Sie nur eigene Muster).

Also los, probieren wir das gleich:

- Starten Sie Word und laden Sie Ihren Übungstext zur Bearbeitung ein:

Dazu müssen Sie nach dem Start von Word den Befehl **Übertragen Laden** ausführen. Wir verwenden hier wieder die systematische Schreibweise für die Ausführung von Befehlsfolgen:

(esc)
Übertragen
Laden
Dateiname: *Jaeger*
Schreibschutz: ja *(nein)*
(return)

- Markieren Sie ein Wort oder mehrere zusammenhängende Wörter auf Ihrem Bildschirm.

  Bewegen Sie dazu die Schreibmarke mit den Pfeiltasten auf das erste Zeichen des ersten Wortes, das Sie markieren wollen.

- Schalten Sie die Funktion **Erweitern** ein (F6).

- Fahren Sie solange mit der Pfeiltaste ==> nach rechts, bis Sie genügend Zeichen markiert haben. Sind Sie dabei zu weit nach rechts gefahren, nehmen Sie mit der Pfeiltaste <== die Erweiterung einfach wieder zurück.

  Aber Achtung: Nicht die Rück-Taste (<==) verwenden!!! Damit würden Sie nämlich Zeichen löschen und nicht etwa die Erweiterung zurücknehmen, wie Sie es hier wollten!

- Verändern Sie nun mit dem Befehl **Format Zeichen** das Aussehen Ihres markierten Textes: Wünschen Sie sich zuerst einmal "Fettdruck":

(esc)				
	Format			
		Zeichen		
			fett:	*(ja)* **nein**
			kursiv:	**ja** *(nein)*
			...	
(return)				

Nach dem letzten Unterbefehl "Zeichen" erhalten Sie ein ganzes Menü auf dem Bildschirm. In diesem Menü finden Sie nun mehrere **Befehlsfelder** (zum Beispiel Fett, Kursiv ...) und dazu jeweils mehrere mögliche Antworten (ja, nein, ...).

Wie Sie leicht erkennen können, sind alle Angaben, die zu dem von Ihnen markierten Text passen, eingeklammert dargestellt, also überall: **(nein)**.

Toll:

Word erkennt also, wie ein markierter Text formatiert ist und kann uns das auch sagen! Damit können wir in einem bereits geschriebenen Text alle einmal geäußerten **Formatwünsche abspicken!**

Aber nun weiter: Der uns nun schon gut bekannte grüne Balken steht im ersten Befehlsfeld auf der gerade gültigen Antwort. Wir wollen das **Ankreuzen** unserer Formatwünsche noch einmal zusammen üben:

Wie bei der Auswahl eines Befehls aus einer ganzen Reihe können Sie auch hier den grünen Balken von Vorschlag zu Vorschlag schieben. Der gerade markierte Vorschlag gilt als Antwort. In unserem Beispiel also von **nein nach ja nach nein** nach ...

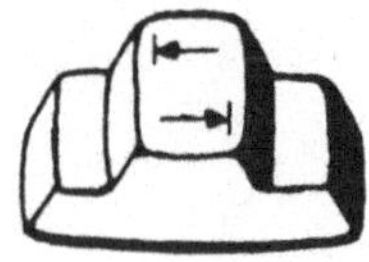

Wollen Sie in einem anderen **Befehlsfeld** eine der vorgeschlagenen Antworten verändern, springen Sie mit der **Tabulatortaste** von Befehlsfeld zu Befehlsfeld, in unserem Beispiel also von fett zu kursiv zu unterstrichen zu ...

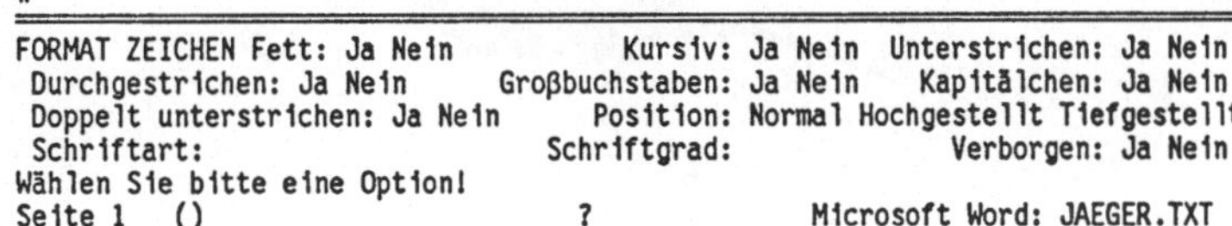

```
FORMAT ZEICHEN Fett: Ja Nein             Kursiv: Ja Nein  Unterstrichen: Ja Nein
 Durchgestrichen: Ja Nein      Großbuchstaben: Ja Nein    Kapitälchen: Ja Nein
 Doppelt unterstrichen: Ja Nein       Position: Normal Hochgestellt Tiefgestellt
 Schriftart:                        Schriftgrad:                  Verborgen: Ja Nein
Wählen Sie bitte eine Option!
Seite 1   ()                         ?                 Microsoft Word: JAEGER.TXT
```

Wenn Sie also bei **Fett** das **ja** angekreuzt haben, lassen Sie nun mit (return) den Befehl ausführen:

Das Format-Zeichen-Menü verschwindet, das gewohnte Befehls-Hauptmenü erscheint wieder, und die markierten Zeichen werden heller auf dem Bildschirm dargestellt[1].

Sie wundern sich, daβ die Markierung noch immer erhalten bleibt? Nun, dadurch eröffnen sich Ihnen drei Möglichkeiten:

1 Sie können den Text nochmals anders formatieren, ohne ihn nochmals markieren zu müssen

---

[1] Besitzt Ihr Rechner eine Graphik-Karte, sehen Sie fett dargestellte Zeichen nicht heller am Bildschirm, sondern wirklich fett.

2 Bewegen Sie die Schreibmarke um ein Zeichen nach links, steht sie auf dem letzten Zeichen **vor** der Markierung

3 Bewegen Sie die Schreibmarke um ein Zeichen nach rechts, steht sie auf dem ersten Zeichen nach der Markierung

Aufgabe: Spielen Sie jetzt bitte ein bißchen mit dem Befehl Format Zeichen, damit Sie fit werden:

Wählen Sie für verschiedene Textstücke verschiedene Formatwünsche. Stellen Sie dabei fest, daß Word manche Ausprägungen gar nicht am Bildschirm darstellen kann, sondern sogenannte **Ersatzdarstellungen** wählt[2]. Das tatsächliche Zeichenformat können Sie ja immer mit dem Befehl Format Zeichen abfragen!

In diesem Kapitel haben Sie gelernt,

welche Formatwünsche Sie für Zeichen äußern können und wie man das in Word macht. Nun wollen wir uns den beiden anderen Strukturen zuwenden: Format Absatz und Format Bereich.

---

[2] Doppelt unterstrichen, Kapitälchen, Hoch- und tiefgestellt kann Ihr Bildschirm nur mit Graphik-Karte darstellen; haben Sie keine, sehen Sie Ihre Zeichen meist in der Ersatzdarstellung "unterstrichen".

6.3 Format Absatz

> Ein zusammengehörender Textbereich, der in einem einheitlichen **Absatzformat** dargestellt werden soll. Ein Absatz besteht meistens aus einem oder mehreren Sätzen.

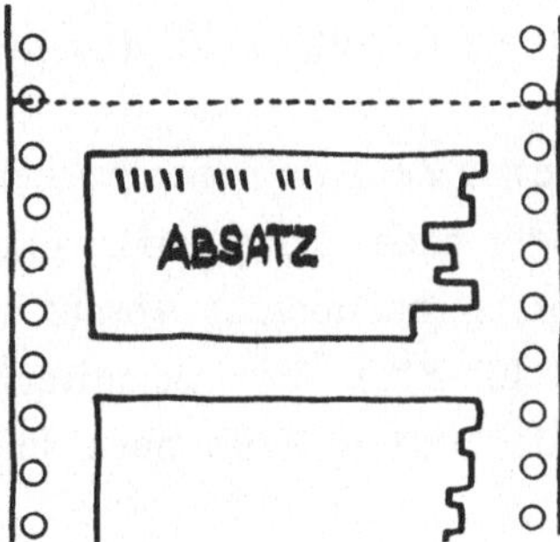

Bei der Eingabe des Textes können Sie durch Betätigen der Taste **Absatzende** (return) das Ende eines Absatzes und damit den Beginn des nächsten bewirken. Natürlich können Sie auch nachträglich Absätze teilen und zusammenfügen, doch das später.

Mit dem Befehl FORMAT ABSATZ können Sie das Format eines Absatzes in folgenden Punkten beeinflussen:

Ausrichtung (gibt an, wo die Textzeilen "stramm" stehen müssen): Linksbündig, zentriert, rechtsbündig, Blocksatz (links- und rechtsbündig zugleich).

SelbeSeite: Soll der Absatz beim Drucken unbedingt auf einer Seite zusammengehalten werden? Geben Sie hier ein *Ja* (wie wir), ist Ihr Text besser lesbar, bei *Nein* füllt Word Ihre Seiten besser aus, wenn auch oft nur mit halben Absätzen.

Nächster Absatz selbe Seite: Wünschen Sie, daβ Word zwei direkt aufeinander folgende Absätze beim Seitenumbruch immer zusammenläβt, dann können Sie das hier angeben: kreuzen Sie beim ersten der beiden Absätze das Ja zu dieser Frage an. Besonders wichtig ist diese Funktion für Überschriften: der Überschriften-Absatz sollte hier immer ein "Ja" bekommen!

Linker Einzug: Abstand des Textes vom linken Textrand (in den Einheiten P10[3], P12[4] oder in Zentimeter oder Zoll)

Erste Zeile: Die erste Zeile darf eine Ausnahme machen: sie darf nach links oder nach rechts anders eingerückt sein, als der restliche Absatz (bei diesem Absatz um 10 Zeichen nach links, also -10 P10). Ein negativer Wert bewirkt das Ausrücken der ersten Zeile nach links (wie bei diesem Absatz)

Rechter Einzug: Abstand des Absatzes vom rechten Textrand (in Zeichen der Breite P10, P12, oder in Zentimeter oder Zoll)

Zeilenabstand: (in halben Schritten)

Anfangsabstand: Anzahl der Leerzeilen, die **vor** diesem Absatz eingefügt werden sollen

Endeabstand: Anzahl der Leerzeilen, die **nach** diesem Absatz eingefügt werden sollen

---

[3] P10 entspricht 10 Zeichen pro Zoll, wir sagen oft auch "Zehnerteilung".

[4] P12 entspricht 12 Zeichen pro Zoll, wir sagen oft auch "Zwölferteilung".

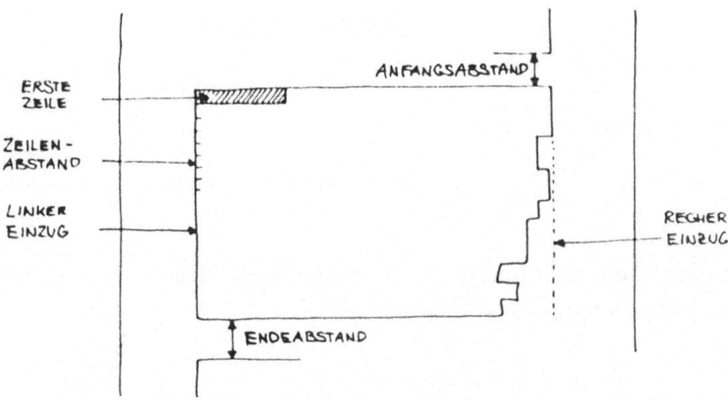

Sie haben's schon gemerkt: Mit dem Befehl **Format Zeichen** kann man zwar seinen Text ganz schön bunt gestalten, aber **Format Absatz** ist allerhöchster Luxus: Man schreibt seinen Text einfach hin, wie er aus der Feder (oder dem Manuskript) fließt, alles andere macht Word, samt Leerzeilen davor und danach!

Immer, wenn Word von Ihnen eine Angabe mit Maßeinheit Zentimeter, Zoll, Zeichen P10 oder P12 erwartet, können Sie sich aussuchen, in welcher Maßeinheit Sie die Angabe eingeben wollen - Sie müssen lediglich dazuschreiben, welche Sie gerade meinen: Also cm, in, P10 oder P12. Ihnen ist sicherlich nicht entgangen, daß Word eine Maßeinheit voreingestellt hat; diese Voreinstellung können Sie beliebig ändern (siehe Kapitel 8.1, "Word-Arbeitsweise einstellen").

Also los, probieren Sie den Befehl Format Absatz aus:

- Stellen Sie die Schreibmarke an eine beliebige Stelle in irgendeinen Absatz Ihres Textes. Word erkennt diesen Absatz als von Ihnen markiert an.

- Gestalten Sie mit dem Befehl **Format Absatz** Ihren Absatz im Blocksatz mit zwei Zeilen Abstand am Ende:

> **(esc)**
> **FORMAT**
> **ABSATZ**
> **Ausrichtung:** *Block*
> **...**
> **Absatzendeabstand:** *2*
> **(return)**

Machen Sie dies auch gleich noch mit dem nächsten Absatz, um zu sehen, wie Ihr Text sofort ein einheitliches Bild bietet:

et dolore magna aliquam erat voluptat. Ut enim ad minim veniam, Duis autem vel eum irure reprehenderit in voluptate velit esse nihil molestiae m ducim qui blandit praesent luptatum delenit atgue duos dolor et molestias id est laborum et dolor fuga. Et harumd dererud facilis est er expedit distinct. im paceat facer possim omnis voluptas assumenda est, omnis dolor repellend. liand sint et molestia non recusand. Itaque earud rerum hic tenetury sapiente ur verear ne ad eam non possing accommodare toquat nost ros quos tu paulo um conscient to factor tum poen legum odioque civiuda.

liant et, aptissim est ad quiet. Endium caritat praesert cum omning end inane sunt is parend non est nihil enim desiderabile. Concupis plusque in is dixer per se ipsad optabil, sed quiran cunditat vel plurify afferat. Nam dilig od quae egenium improb fugiendad improbitate putamuy sed mult etiam mag quo loco videtur quibusing stalibilit amicitiae acillard tuent tamet eum locum se a luptate discedere. Nam cum solitud et vitary sing amicis insidar et metus ptam seiung non poest. Atque ut odia, invid despciation adversantur luptatib, esentib fruunt sed etiam spe erigunt consequent

Auch hier sollen Sie - mit ein wenig Phantasie - alleine weiterspielen: Geben Sie Ihren Absätzen die abenteuerlichsten Formatwünsche mit auf den Weg, schauen Sie sich das Ergebnis am Bildschirm an, und freuen Sie sich darüber, daβ Word auf ein Fingerschnippen von Ihnen den ganzen Text vollkommen umstellt, ohne daβ Sie einen einzigen Buchstaben neu tippen müssen.

Wenn Sie nicht genügend Absätze eingetippt haben, können Sie das ja nachholen: Durch Betätigen der (return)-Taste schlieβen Sie den aktuellen Absatz ab und beginnen einen neuen.

Jetzt fehlt nur noch, denken Sie, daβ man nicht bei jedem Absatz **Format Absatz** sagen muβ, und haben recht. Bitte gedulden Sie sich noch ein paar Seiten.

6.4 Format Bereich

Ein zusammengehörender Textbereich, der im gleichen Papierformat (in Word: **Bereichsformat**) ausgedruckt werden soll. Ein Bereich besteht meistens aus mehreren Absätzen und umfaßt in der Regel Ihren gesamten Text.

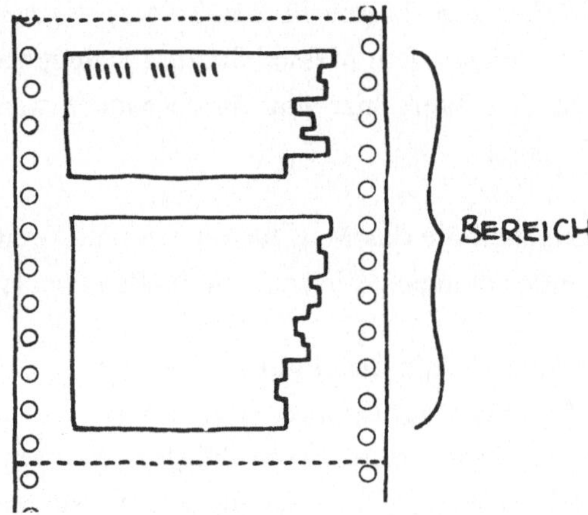

Die Standard-Einstellungen des Befehls Format Bereich beschreiben etwa die Papiergröße DIN A4. Links, rechts, oben und unten sind Seitenränder vereinbart, wie man sie etwa für einen Brief wählen würde.

Der Befehl **Format Bereich** erlaubt sehr weitreichende Einflußnahme auf das spätere Papierformat. In diesem Kapitel werden wir jedoch lediglich zeigen, wie Sie das äußere Papierformat gestalten können, falls Sie anderes als DIN A4-Papier verwenden wollen. Wir werden an dieser Stelle daher lediglich den Befehl Format Bereich Seitenrand erläutern.

Wenn Sie einmal so wichtige Dinge wie einen Brief an den Kultusminister oder einen Verbesserungsvorschlag zu diesem Buch schreiben wollen, brauchen Sie natürlich ein ausgefeilteres Bereichsformat: Lesen Sie bitte im Kapitel "Professionelle Textverarbeitung mit Word" oder im Word-Handbuch nach.

Verändern Sie also vorerst nur die unten erklärten Befehlsfelder bei Bedarf; alle anderen Felder lassen Sie unverändert.

Format Bereich Seitenrand

Seitenlänge: Hier wird die tatsächliche Länge einer Seite des Papiers (am besten in Zentimeter) angegeben, auf das Sie drucken werden. Messen Sie Ihre Seite genau aus und tragen Sie den Wert hier ein (insbesondere wichtig bei Endlos-Papier!).

Breite: geben Sie das Maß für die gesamte Breite des Papiers an (außer dem perforierten Abreiß-Band bei Endlos-Papier).

Seitenrand oben, unten, links und rechts:
Mit diesen vier Größen geben Sie an, wieviel Platz Word um Ihren Text herum bis zu den tatsächlichen Papier-Rändern freilassen soll. Wenn Sie hier überall Null eingeben, bedruckt Word Ihr Papier vollständig. Sie können sich so auf einfachste Weise eine Tapete selber herstellen.

Bitte lassen Sie alle anderen Befehlsfelder bei FORMAT BEREICH vorerst unverändert.

Format Absatz und Format Bereich - wie hängen sie zusammen?

Schauen Sie sich das untenstehende Bild an: Mit FORMAT BEREICH gestalten Sie das äußere Papierformat und die Seitenränder, mit FORMAT ABSATZ können Sie innerhalb dieser Ränder jeden Absatz einzeln und ganz nach Belieben gestalten.

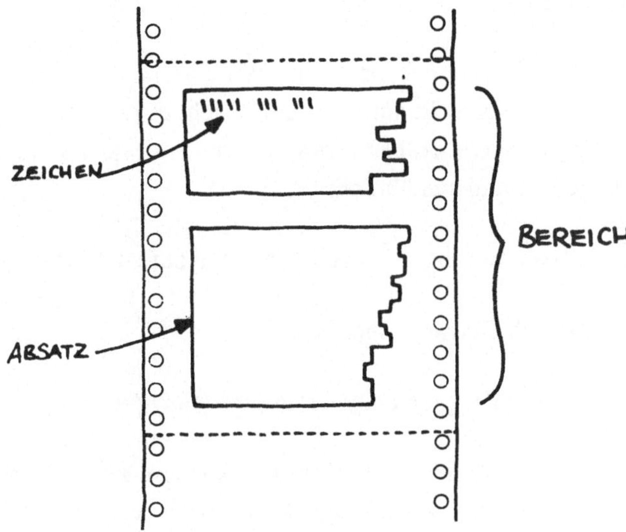

Wir geben zu, das war vielleicht ein bißchen viel auf einmal! Aber genau wie ein Lehrling zuerst das Feilen lernen muß, bevor er an die Fräsmaschine ran darf, müssen Sie die Formatiererei aus dem Eff-Eff beherrschen lernen, bevor wir Sie an die Word-Wunschlisten ranlassen.

In diesem Kapitel haben Sie gelernt,

- was wir unter einem **Formatwunsch** verstehen
- welche Formatwünsche es in Word gibt
- wie man sie "an den Mann" bringt

6.5 Silbentrennung

Beim Formatieren Ihrer Absätze im Blocksatz sind Ihnen sicherlich die unschönen langen Zwischenräume zwischen manchen Wörtern aufgefallen. Klar, das Programm Word muß ja die Zeile so weit nach rechts schieben, bis Ihre Forderung nach Blocksatz erfüllt ist!

Aber halt! Da würde doch noch ein halbes Wort in die obere Zeile passen, wieso macht das Programm das nicht automatisch? Macht es ja, aber nur dann, wenn Sie es bestellen. Die **manuelle Silbentrennung** haben Sie ja bereits kennengelernt; trotzdem hier noch einmal ausführlich:

Eine manuelle Silbentrennung in Word können Sie auf zwei Weisen herbeiführen:

- durch Eingabe eines Bindestrichs *(-)*
- durch Eingabe einer Trennfuge *(Ctrl) (-)*

Eine Silbentrennung trotz eines Bindestrichs können Sie verhindern, indem Sie diesen Bindestrich als sog. **geschützten Bindestrich** mit der dreifachen Tastenkombination

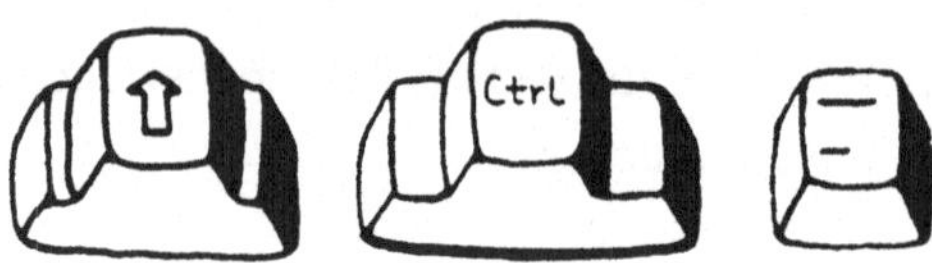

eingeben. Diese Möglichkeit ist äußerst nützlich zur Eingabe von Minuszeichen vor Zahlen oder auch für Bindestriche in Doppelnamenwie zum Beispiel **MS-DOS**.

Nun hatten wir in Kapitel 5 angekündigt, daß Word (ab Version 2.0) auch selbständig Trennfugen setzen kann. Diese **automatische Silbentrennung** bestellen Sie mit dem Befehl

(esc) **Bibliothek** **Trennhilfe** **Trennvorschlag bestätigen ja (nein)** **(return)**

Nach Eingabe dieses Befehls geht Word Ihren Text durch und setzt Trennfugen an den Stellen, die es für geeignet hält. Natürlich kann es sein, daß Word hier völlig andere Stellen für geeignet hält, als Sie sich vorgestellt haben. Dies hat zwei Gründe: Zum einen kann Word nicht zwischen "schönen" und "unschönen" Trennstellen unterscheiden. So kann es vorkommen, daß Word vorschlägt, das Wort Interessenkollision als

Interessenkol-
lision

zu trennen, während Ihnen

Interessen-
kollision

lieber wäre.

Zum anderen kann es auch vorkommen, daß Word grammatikalisch falsch trennt, nämlich

Inte-
ressenkollision.

Um diesen beiden Gefahren zu begegnen, empfielt es sich, die automatische Silbentrennung nicht "pur" zu genießen, sondern "mit Bestätigung". Hierzu geben Sie den Befehl

(esc)
    Bibliothek
        Trennhilfe
        Trennvorschläge bestätigen: *(ja)* **nein**
 	
(return)

Für die einzelnen denkbaren Fälle bietet Ihnen Word folgende Wahlmöglichkeiten:

- Sie sind mit dem Trennvorschlag einverstanden:

  Geben Sie ein *j* ein

- Sie sind mit dem Trennvorschlag nicht einverstanden und wollen das Wort weiter vorne trennen:

  Drücken Sie die Taste *(Pfeil nach oben)*; Word zeigt Ihnen den nächsten weiter vorne gelegenen Trennvorschlag

- Sie sind mit dem Trennvorschlag nicht einverstanden und wollen das Wort weiter hinten trennen:

  Drücken Sie die Taste *(Pfeil nach unten)*; Word zeigt Ihnen den nächsten weiter hinten gelegenen Trennvorschlag.

- Sie sind auch mit diesen neuen Trennvorschlägen nicht einverstanden und wollen das Wort an einer ganz bestimmten Stelle trennen.

  Sie bewegen die Schreibmarke mit den Cursortasten *(Pfeil nach links)*, bzw. *(Pfeil nach rechts)* an die entsprechende Stelle.

Wenn Sie nun auf einem dieser drei Wege eine Ihnen und dem Duden genehme Trennstelle gefunden haben, bestätigen Sie mit *j*, damit Word die nächste Trennstelle suchen kann.

- Wenn Sie das von Word zur Trennung vorgeschlagene Wort überhaupt nicht trennen wollen, geben Sie *n* ein, damit Word die nächste Trennstelle suchen kann.

Eine Fußangel hält die automatische Silbentrennung von Word noch für Sie bereit.

- Haben Sie nur ein Zeichen markiert, durchsucht Word Ihren Text zwischen der Schreibmarke und dem Textende nach Trennmöglichkeiten. Wollen Sie also den gesamten Text bearbeiten, müssen Sie die Schreibmarke an den Anfang Ihres Textes stellen, am besten geht das mit der Tastenkombination *(Ctrl)(PgUp)*.

- Haben Sie mehr als ein Zeichen markiert, dann sucht Word nur innerhalb des markierten Textes.

Sie werden schon ahnen, daß diese Möglichkeiten, wenn man an sie denkt, gar keine Fußangeln sein müssen, sondern sogar sehr nützlich sein können.

Zwei wichtige Tips zur Silbentrennung

Stellen Sie beim Formatieren Ihrer Texte fest, daß ein Absatz mit einer ganz kurzen Zeile endet, markieren Sie nur diesen Absatz mit *(F10)* und bestellen hierzu die Silbentrennung. Versuchen Sie, den Absatz um diese kurze Zeile zu kürzen.

Vor dem Ausdruck Ihres Werkes gehen Sie mit der Silbentrennungsfunktion noch einmal ganz durch Ihr Dokument.

6.6 Verborgener Text als Hilfsmittel zur Texterstellung

Mit der Funktion **Verborgener Text** können Sie zum Beispiel in einen Originaltext persönliche Anmerkungen oder Erläuterungen aufnehmen, die Sie, je nachdem für wen das jeweils zu druckende Exemplar des Textes bestimmt ist, mit ausdrucken können - oder auch nicht.

Damit können Sie ganz einfach Schüler-Lehrer-Exemplare einer Prüfung herstellen, Verträge und Briefe mit privaten Kommentaren versehen oder vielerlei mehr. Passen Sie aber nur auf, daβ Sie nicht dem Schüler den Bogen mit den Ergenbissen vorlegen, während der Lehrer verzweifelt versucht, die Aufgaben zu lösen!

Das Verbergen von Text ist eine Funktion des Befehls FORMAT ZEICHEN. Wenn Sie die Teststelle, die Sie als "verborgen" formatieren wollen, markiert haben, geben Sie bitte den Befehl:

(esc)
Format
Zeichen
Verborgen: *(Ja)* **Nein**
(return)

Daβ verborgener Text ziemlich nützlich ist, werden Sie auch noch in Kapitel 9 bei der Erstellung von Verzeichnissen sehen. Sie können die Information "verborgener Text" aber noch viel allgemeiner und weitreichender nutzen.

Wenn Sie eine gewisse Zeit mit dieser Funktion "gespielt" und ihre Vorteile erkannt haben, sollten Sie allerdings die für Sie wichtigen Kategorien verborgenen Textes in Ihre Formatwunschliste (Druckformatvorlage) einbringen. Sie erleichtern sich damit den Umgang mit verborgenem Text ganz wesentlich.

Parallele Texte

Stellen Sie sich vor, wie nützlich das bei Seminar- oder sonstigen Redebeiträgen sein kann. Sie können damit gleichzeitig in einem einzigen Text sowohl die Materialien, die Sie an die Zuhörer verteilen wollen, als auch Ihr eigenes Manuskript erstellen. Bei etwaigen Änderungen müssen Sie nur einen Word-Text ändern; die frühere Gefahr von unbeabsichtigten Abweichungen in derartigen "parallelen" Texten ist bei Verwendung von verborgenem Text endgültig gebannt.

Sie können in einer einzigen Text-Datei sogar mehr als zwei verschiedene Textversionen gemeinsam halten, indem Sie die Möglichkeit des verborgenen Textes - unter Verwendung von Formatwunschlisten (Druckformatvorlagen) - mehrstufig anwenden. Wie das? Ganz einfach: Sie definieren sich in Ihrer Formatwunschliste verschiedene Formate für verdeckten Text, die verschiedenen Textkategorien entsprechen, z.B.

VA verdeckter Text für eigene Anmerkungen, Ideen des Autors etc.

V1 verdeckter Text für Anweisungen bzw. Anregungen an Mitarbeiter 1, z.B. welche Materialien dieser Mitarbeiter aus der Bibliothek holen soll.

V2 verdeckter Text für Hinweise an Ihren persönlichen Assistenten, z.B. welche Problempunkte in welcher Richtung noch näher untersucht, bearbeitet oder erläutert werden müssen.

Jenachdem, für welchen Zweck Sie den Text ausdrucken wollen, müssen Sie nur zuvor Ihre Druckformatvorlage kurzfristig ändern. Das heißt, Sie formatieren - in Ihrer Druckformatvorlage - alle V...-Formate, die nicht gedruckt werden sollen als verborgen, die die gedruckt werden sollen als nicht-verborgen. Danach drucken Sie ohne verborgenen Text. Das ist doch toll, oder?

Verborgener Text als Ideenspeicher

Sie können in einem Text, der noch weiterentwickelt werden soll, schon Ihre neuen Ideen stichwortartig verstecken, ohne befürchten zu müssen, am Schluß doch noch irgendwelche für den Leser nicht bestimmte Textfragmente im Originalausdruck zu hinterlassen.

Diese Vorgehensweise ist insbesondere dann sehr vorteilhaft, wenn Sie permanent an Ihrem Text arbeiten und sich - wie wir das ja empfehlen - häufig ein neues Exemplar des Textes ausdrucken lassen, mit dem Sie dann weiterarbeiten. In diesem Fall brauchen Sie die noch nicht realisierten Ideen nicht von Hand zu übertragen, da sie im Text schon (verborgen) enthalten sind. Ihr eigenes zur Weiterverarbeitung vorgesehenes Manuskript drucken Sie in diesem Fall zusammen mit dem verborgenen Text aus.

Organisation Ihres Textarchives

Durch die Verwendung von verborgenem Text können Sie auch wichtige Zusatzinformationen, wie etwa Dateiname des Textes, Erstellungsdatum, Bearbeitungsstand oder eine kurze Inhaltsangabe in Ihren Text einbringen. Derartige Informationen können äußerst nützlich sein, wenn Sie einen Text, den Sie archiviert hatten, nach längerer Zeit wieder verwenden wollen.

Bildschirm- und Druckausgabe von verborgenem Text

Die Bildschirm- und Druckausgabe von Texten können Sie so steuern, daß wahlweise verborgener Text erscheint oder unterdrückt wird. Dies beeinflussen Sie mit dem Befehl

(esc)
  Ausschnitt
    Optionen
      Verborgener Text sichtbar: Ja Nein
(return)

Dieser Befehl beeinflußt sowohl die Bildschirmanzeige als auch die Druckausgabe. Dabei ist besonders vorteilhaft, daß sich die Zuordnung immer nur auf den betreffendn Ausschnitt (= Fenster) bezieht. Sie können also - z.B. bei der Textmontage - sich im einen Ausschnitt den verborgenen Text zeigen lassen und ihn im anderen Ausschnittt ausblenden.

Haben Sie sich dafür entschieden, den verborgenen Text auszublenden, so können Sie sich am Bildschirm trotzdem orientieren, indem Sie den Befehl ZUSÄTZE SICHTBAR TEILWEISE oder ALLE eingeben. In diesem Fall erscheint an denjenigen Stellen, wo sich verborgener Text befindet, ein kleiner Doppelpfeil auf dem Bildschirm (nicht auf dem Drucker).

Sofern Sie sich dafür entschieden haben, den verborgenen Text mitauszudrucken, können Sie sich durch einen kleinen Trick auch in Ihrem gedruckten Manuskript Klarheit darüber verschaffen, welcher Text nun verborgen ist und welcher nicht.

Weisen Sie Ihrem verdeckten Text nicht nur das Zeichenformat "*verborgen*" zu, sondern zusätzlich noch ein anderes, z.B. das Zeichenformat "*durchgestrichen*", zu.

So, nun sollten Sie einfach noch mehr mit verdecktem Text und seinen Möglichkeiten herumspielen; es werden Ihnen sicher tausende nützliche Verwendungsmöglichkeiten einfallen, die Ihnen in Zukunft sehr vieles erleichtern können. Mit verdecktem Text werden Sie ganz neuen Spaß an Text- und Arbeitsorganisation finden.

7 Formatwünsche dauerhaft vereinbaren

7.1 Das Erstellen einer Format-Wunschliste

7.2 Formatwunsch zu einem Text zuordnen

7.3 Tips zum Arbeiten mit Formatwünschen

7.4 Formatwünsche sichtbar machen

7.5 Formatwünsche speichern

7.6 Tricks mit Formatwunschlisten

Ach, wie lästig, denken Sie, ist doch das ständige

(esc)				
	Format			
		Zeichen		
			fett:	**ja (nein)**
			kursiv:	**ja (nein)**
			unterstrichen:	*(ja)* **nein**
			...	
(return)				

Nur, um ein einziges Wort zu unterstreichen! Und mit den Absatz-Formaten ist's auch nicht besser! Das kann einfach noch nicht alles sein!

Nun, Sie haben schon wieder recht. Aber indem wir Ihnen die Formatierung im einzelnen beigebogen haben, wollten wir Sie nicht einfach nur zappeln lassen, sondern Ihnen das notwendige Handwerkszeug für Ihr späteres Word-Leben mitgeben. Jetzt, da Sie Formatierungs-Experte sind, können wir die Katze ja aus dem Sack lassen:

> Format-Wünsche können in eine **Format-Wunschliste** aufgenommen werden und an beliebiger Stelle beliebig oft wieder per Tastendruck über ihren Namen abgerufen werden.

Na, das klingt ja wie Weihnachten: Ich rufe "hallo Absatz Zitat" und schon ist's geschehen (formatiert)? Ja, genauso ist's, nur heiβen die Dinge in Word etwas anders.

7.1 Das Erstellen einer Format-Wunschliste

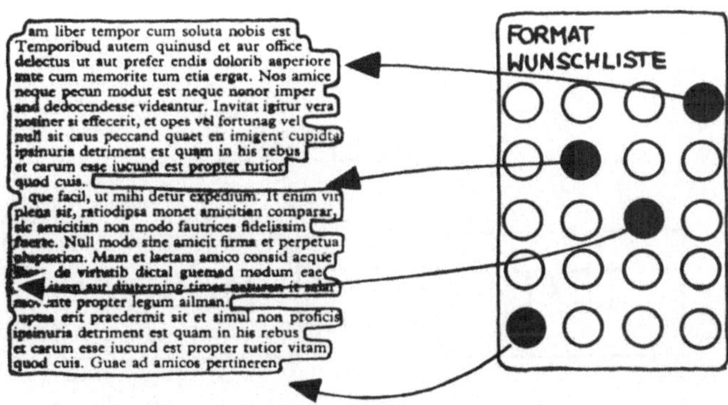

> Eine Format-Wunschliste ist eine Sammlung von Format-Anweisungen, die nach ganz persönlichen Anforderungen zusammengestellt werden kann. Jede dieser Format-Anweisungen hat einen eigenen Namen, über den sie später einmal abgerufen werden kann.

Genau wie wir mit Word verschiedene Texte bearbeiten können, können wir auch verschiedene Format-Wunschlisten erstellen und verwenden. Zum Erstellen, Spicken und Bearbeiten dieser Liste können wir mit einem Befehl unseren Text vom Bildschirm verbannen und dafür diese Liste herholen: der Befehl heiβt **Muster.**

Im allgemeinen werden wir jedoch nur eine "Standard"-Format-Wunschliste für alle unsere Texte verwenden. Nur in Einzelfällen benötigt ein besonder Text eine andere, besondere Wunschliste (siehe Kapitel 7.6: Tricks mit Formatwunschlisten).

Leider haben die Word-Übersetzer uns hier ein paar schwere Vokabeln aufgebrummt. Merken Sie sich bitte:

- Die Format-Wunschliste heiβt in Word **Druckformatvorlage**

- Der Befehl zum Bearbeiten dieser Wunschliste heiβt **Muster**, zurück geht's mit dem Befehl **Text**.

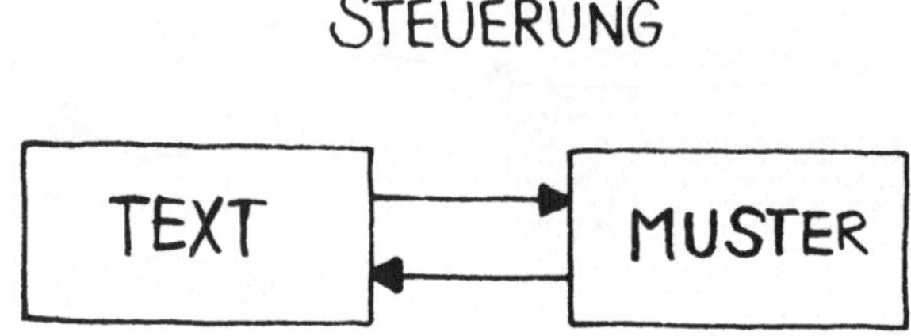

Übung

Fangen Sie also wieder mit uns zusammen an:

Aha, Sie bekommen also ein leeres Textfenster und ein neues Befehls-Menü! Das leere Textfenster zeigt Ihnen, daβ Sie noch keine Formatwünsche geäuβert haben, das neue Befehls-Menü (zum Befehl Muster, den Sie gerade gegeben haben) zeigt Ihnen alle hier möglichen Befehle an.

Äuβern Sie nun Ihren ersten Formatwunsch! Wünschen Sie sich ein Format für Absätze im Blocksatz mit zwei Leerzeilen am Ende! Schauen Sie zuerst einmal, was Word alles von Ihnen wissen will, wir füllen das Formular dann gemeinsam aus.

Einfügen

Tastenschlüssel:
Verwendung: (Zeichen) Absatz Bereich
Variante:1
Anmerkung:

- Mit dem Befehl **Einfügen** kann man einen Formatwunsch in eine (eventuell leere) Liste einfügen.

- **Tastenschlüssel:** Geben Sie hier den Namen Ihres Formatwunsches an. Mit diesem Tastenschlüssel rufen Sie später Ihren Formatwunsch wieder auf. Wählen Sie vielleicht Λ1 und merken sich "Absätze im Format Eins".

- **Verwendung:** Word muß natürlich wissen, wofür Sie Ihren Formatwunsch später einmal verwenden wollen: Für Zeichen, Absätze oder Bereiche. Markieren Sie einfach eine der drei Verwendungen[1]

Für Ihr Beispiel wollen Sie ein Format für irgendwelche (später zu bestimmende) Absätze festlegen. Word sieht dafür die Verwendung Absatz vor.

- **Variante:** Haben Sie einmal mehrere Formatwünsche für eine gleiche Verwendung geäußert, müssen Sie hier eine Angabe zur Variante machen.

---

1 Wenn Sie noch die Version 1.0 von Word besitzen, gilt für Sie: Word schlägt Ihnen mehrere mögliche Verwendungen für Zeichen, Absätze und Bereiche vor. Bitte fragen Sie (mit einer Pfeiltaste) nach, Sie bekommen dann alle möglichen Verwendungen auf dem Bildschirm angezeigt und können sich eine aussuchen.

Word bietet Ihnen auch hier wieder eine Liste an: Wählen Sie immer die nächste freie Variante aus. Für die Verwendung *Absatz* stellt uns Word 73 verschiedene Varianten zur Verfügung[2]. Fragen Sie auch hier wieder mit einer der Pfeiltasten nach der Liste der möglichen Varianten. Die Verwendung "Standard" meint: "Standardabsatz", also alle Absätze, zu denen kein anderer Formatwunsch ausdrücklich bestellt wurde. Das ist unheimlich praktisch: Sie erzeugen einen Standard-Absatz-Formatwunsch, und schon sieht Ihr ganzer Text wohlformatiert aus!

- **Anmerkung:** Hier dürfen Sie Ihre private Notiz zu dem Formatwunsch eingeben, also etwa mein erster Formatwunsch.

Ihren ersten Formatwunsch geben Sie also so ein:[3]

(esc)			
	Einfügen		
		Tastenschlüssel:	*A1*
		Verwendung:	**Zeichen** *(Absatz)* **Bereich**
		Variante:	*1*
		Anmerkung:	*mein erster Formatwunsch*
(return)			

Und siehe da, auf dem Bildschirm erscheint das rohe Gerüst Ihres ersten Wunsches:

1	**A1**	**Absatz 1**	**Mein erster Formatwunsch**
		Pica (Modern a) 12. Linker Einzug	

---

2 Für die Word-Versionen 1.xx gilt: Da Word unter "Verwendung" sehr viele Möglichkeiten anbietet, werden unter "Variante" entsprechend weniger zur Verfügung gestellt. Alles andere gilt auch für diese Word-Versionen.

3 Für Word 1.xx: Wählen Sie bitte unter Verwendung "anderer Absatz".

Nun geht's an Ausfüllen: Ihr erster Formatwunsch ist ja noch leer, jetzt müssen Sie Ihre Wünsche hineinpacken. Das Hinzufügen (und Ändern) von Format-Angaben zu einem Formatwunsch wird mit dem Befehl Format ausgeführt. Erinnern Sie sich, Sie sollten Blocksatz und 2 Zeilen Endeabstand bestellen! Also:

(esc)				
	Format			
		Absatz		
			Ausrichtung:	*Block*
			Absatzendeabstand:	*2*
(return)				

Nun ist Ihr Formatwunsch fertig! Und so sieht er aus:

1	**A1**	**Absatz 1**	**Mein erster Formatwunsch**
		Pica (Modern a)	**12. Block, Absatzendeabstand 2 zg**

7.2 Formatwunsch zu einem Text zuordnen

Schalten Sie mit dem Befehl

(esc)
Text
(return)

wieder in den Textmodus zurück. Bestellen Sie nun den frisch vereinbarten Formatwunsch zu dem ersten Absatz Ihres Übungstextes:

- Stellen Sie die Schreibmarke an eine beliebige Stelle in den Absatz.
- Rufen Sie mit der Tastenkombination (Alt) und dem Namen des Formatwunschs diesen ab:

(alt) a 1

Taste *(alt)* drücken und festhalten, Tasten *a* und *1* drücken, aller Tasten loslassen. Lesen Sie bei Ihren ersten Versuchen unbedingt die Meldungszeile!

Sie sehen, der Absatz wird sofort in dem gewünschten Format formatiert.

Übung:

Formatieren Sie nun mehrere Absätze mit dieser Tastenkombination. Stellen Sie dabei einmal fest, daß Sie soeben einen sorgfältigst formatierten Absatz "zerschossen" haben, können Sie diesen letzten Schritt (und nur diesen) wieder rückgängig machen:

(esc)

Rückgängig

Damit können Sie das Format eines Absatzes beliebig oft ändern und sich in Ruhe entscheiden, wie der Absatz letztendlich aussehen soll.

Wenn Sie mehrere Formatwünsche für Absätze vereinbart haben, können Sie jeden Absatz in beliebig vielen Formaten anschauen und das Format immer wieder wechseln, bis es endlich Ihren Vorstellungen entspricht.

7.3 Tips zum Arbeiten mit Formatwünschen

Ihre Aufgabe ist es nun, vor der Arbeit mit Word eine entsprechende, gut überlegte Format-Wunschliste (Druckformatvorlage) auszuarbeiten, in der alle Ihre Wünsche für die verschiedenen Zeichen-, Absatz- und Bereichsformate enthalten sind. Am besten setzen Sie sich zusammen mit dem Autor Ihrer zukünftigen Texte an ein großes leeres Blatt (nicht an Ihren Computer) und besprechen zuerst einmal, welche Formatwünsche Sie brauchen. Erst dann tragen Sie diese mit Word ein.

Für Ihre allererste Formatwunschliste schlagen wir Ihnen einmal folgende *Muster*, *Namen*, *Verwendungszwecke*, *Varianten* und Formate vor:

Name	Verwendung und Absatz- und Zeichen-Format
ZK	"Zeichen", Kapitälchen
ZF	"Zeichen", fett
ZU	"Zeichen", unterstrichen
A1	"Absatz", Variante "Standard", Blocksatz, Absatzendeabstand 1 Zeile
A2	"Absatz", wie A1, dazu: Einzug links 2 cm, Erste Zeile -1 cm
U1	"Absatz", links, Absatzanfangsabstand 1 Zeile, Absatzendeabstand 2 Zeilen, Fett und unterstrichen
U2	"Absatz", linksbündig, Anfangsabstand 1 Zeile, Absatzendeabstand 1 Zeile, fett
B1	"Bereich", Variante "Standard", Format gemäß Ihren Anforderungen

Verwenden Sie bitte nur Namen (Tastenschlüssel) mit zwei Buchstaben! So vermeiden Sie Konflikte. Fragen Sie bei "Variante" immer mit einer der Pfeiltasten, was Word Ihnen hierzu an Möglichkeiten anbietet! Gehen Sie immer in der Reihenfolge vor:

(esc)

Muster

Einfügen

neues Muster mit Tastenschlüssel, Verwendung, Variante und Anmerkung einfügen

(return)

Format

Mit Format Zeichen, Absatz und/oder Bereich alle Formatwünsche zu dem neuen Muster bestellen

(return)

Text

(return)

Berücksichtigen Sie dabei bitte:

Alle Formatwünsche, die einen Standard-Verwendungszweck haben (also immer dann gelten sollen, wenn Sie nicht ausdrücklich etwas anderes dazu bestellen), beeinflussen nun den gesamten Text, also auch schon während des Eintippens.

Das ist äußerst praktisch: nachdem Sie ein einziges Mal festgelegt haben, wie alle Ihre Texte "im allgemeinen" auszusehen haben, brauchen Sie sich um die Formatierung gar nicht mehr zu kümmern: **Ihr frisch eingegebener Text ist immer richtig formatiert.**

Nur bei denjenigen Absätzen (oder anderen Textbereichen), die Sie "anders als Standard" formatieren wollen, müssen Sie Ihren anderen Formatwunsch angeben. Sie tun das entweder in den zwei bekannten Schritten: Markieren, Bestellen, oder aber Sie bestellen Ihren Formatwunsch vor dem Eintippen des zugehörigen Textes, dann entfällt das Markieren.

Haben Sie einmal mit einer Format-Wunschliste gearbeitet, können Sie jederzeit durch eine einzige Änderung in dieser Wunschliste das Aussehen des gesamten Textes, der mit diesem Wunsch formatiert worden ist, ändern.

Übung

Erstellen Sie mehrere Formatwünsche, auch solche für Zeichen und Bereich! Wählen Sie bei "Absatz" und "Bereich" auch einmal die Variante "Standard"! Überlegen Sie, was die Varianten "Seitennummer" und "Fußnotenzeichen" in der Variante für Zeichen bedeuten könnten!

Wenn Ihnen nichts besseres einfällt, nehmen Sie doch die von uns vorgeschlagene Liste für Ihre ersten Verwendungen!

7.4 Formatwünsche sichtbar machen

Wollen Sie Ihren Absätzen ansehen, mit welchem Formatwunsch sie formatiert worden sind, schalten Sie einfach die "Druckformatspalte" ein:

```
(esc)
        Ausschnitt
                Optionen
                        Druckformatspalte:      (ja) nein
(return)
```

In dieser Spalte links vom Text sehen Sie die Namen Ihrer Absatzformate:

- **Zwei Zeichen** geben den Namen Ihres Formatwunsches an.
- Ein Stern * in dieser Spalte bedeutet, daβ dieser Absatz noch nie formatiert worden ist.
- **Keine Angabe** heiβt, daβ dieser Absatz mit dem Befehl "Format Absatz" individuell formatiert worden ist. Haben Sie für diesen Absatztyp etwa kein Muster vereinbart? Dann sollten Sie das schleunigst nachholen!

```
1
U2  Formatwünsche sichtbar machen

A1  Wollen Sie Ihren Absätzen ansehen, mit welchem Formatwunsch sie formatiert
    worden sind, schalten Sie einfach die "Druckformatspalte" ein:


A4        (esc)
                Ausschnitt
                        Optionen
                                Druckformatspalte:  (ja) nein
          (return)


A1  In dieser Spalte links vom Text sehen Sie den Namen Ihrer Absatzformate

A3              • Zwei Zeichen geben den Namen Ihres Formatwunsches an.

A3              • Ein Stern * in dieser Spalte bedeutet, daβ dieser Absatz noch
                  nie formatiert worden ist.
BEFEHL: Text Ausschnitt Bibliothek Druck Einfügen Format Gehezu Hilfe Kopie
        Löschen Muster Quitt Rückgängig Suchen Übertragen Wechseln Zusätze
Bearbeiten Sie bitte Ihren Text oder unterbrechen Sie zum Hauptbefehlsmenü!
Seite 1    ()                ?              Microsoft Word:
```

7.5 Formatwünsche speichern

Sicherlich wollen Sie Ihre Format-Wunschliste auch für Ihre anderen Text verwenden. Dazu muß diese Liste auch auf Diskette abgespeichert werden.

Wenn Sie einmal viele Texte haben, werden Sie diese auf mehreren Text-Disketten speichern. Also muß Ihre Format-Wunschliste auf die Word-Programmdiskette gelegt werden, damit Sie diese immer parat haben. Geben Sie also im Muster-Befehlsmenü:

(esc)			
	Übertragen		
		Speichern	
		Druckformatvorlage:	*A:STANDARD*[4]
(return)			

Ihre Eingabe A: gibt das Laufwerk an: Im Laufwerk A liegt ja Ihre Word-Programmdiskette. STANDARD ist der Name Ihrer Formatwunschliste. Word wird sie bei jedem Start nun automatisch laden.

Wenn Sie sich für unsere Formatwunschliste interessieren, mit der wir dieses Buch geschrieben haben, so sehen Sie bitte im Anhang nach.

---

[4] Beachten Sie: Word gibt allen Ihren Format-Wunschlisten-Dateien den Namenszusatz .DFV (DruckFormatVorlage)

7.6 Tricks mit Formatwunschlisten

Ihre ersten Werke werden Sie also mit der Standard-Formatwunschliste bearbeiten, die Sie unter dem Namen *STANDARD.DFV* auf Ihrer Word-Programmdiskette abgespeichert haben.

Irgendwann in Ihrer Word-Laufbahn werden Sie jedoch Bedarf nach mehreren verschiedenen Formatwunschlisten für verschiedene, unterschiedlich zu formatierende Texte verspüren. Legen Sie dann um Himmels willen nicht alle Wünsche in Ihre Standard-Formatwunschliste, sondern legen Sie sich mehrere verschiedene "textspezifische" Formatwunschlisten an:

Mehrere Formatwunschlisten

Entwickeln Sie neue Formatwunschlisten möglichst immer aus Ihrer Standard-Liste heraus! Das spart Arbeit und hilft Ihnen, ähnliche Wünsche (zum Beispiel für den Standard-Absatz) weitgehend zu übernehmen. Verfahren Sie dabei wie folgt:

1 Starten Sie das Programm Word; laden Sie jedoch keinen Text zur Bearbeitung ein.

2 Gehen Sie in das Menü *Muster*. Wenn Ihre Standard-Formatwunschliste nun nicht sichtbar ist (weil sie nicht auf der Diskette des Standard-Laufwerks abgelegt ist, laden Sie diese ein:

(esc)
Übertragen
Laden
Dateiname: *A: (fragen mit Pfeiltaste, auswählen mit Pfeiltasten)*
Schreibschutz: *(ja)* **nein**
(return)

3 Nun ändern Sie nach Herzenslust in dieser Liste herum. Keine Angst, Sie können Ihre Standard-Liste gar nicht zerstören, denn Sie haben beim Laden ja Schreibschutz bestellt. Gehen Sie beim Ändern wie folgt vor:

- **neue** Formatwünsche fügen Sie mit dem Befehl *Einfügen* (bereits bekannt) hinzu
- bereits **bestehende** Formatwünsche können Sie verändern, indem Sie mit dem Befehl *Format* das Zeichen-, Absatz- und/oder Bereichsformat ändern, oder mit dem Befehl *Name* den Namen, Verwendungszweck, die Variante oder Anmerkung ändern

Wenn Ihre neue Formatwunschliste fertig ist, müssen Sie diese mit einem neuen Namen abspeichern. Da Sie diese Liste nun nicht mehr für alle Texte verwenden wollen, sondern nur noch für einen bestimmten oder eine bestimmte Art von Texten, hat diese Liste auch nichts mehr auf Ihrer Word-Programmdiskette zu suchen! Speichern Sie diese also auf der Textdiskette ab, auf der Sie den zugehörigen Text anlegen wollen (oder schon angelegt haben):

(esc)
Übertragen
Speichern
Dateiname: *Diplom*
(return)

Sie sehen nun in der Statuszeile (das ist die unterste), daß Word nun nicht mehr Ihre Standard-Liste bearbeitet, sondern Ihre neue. Sie lesen rechts: "Microsoft Word: DIPLOM.DFV". Word hat also die Zusatzbezeichnung ".DFV" selbst ergänzt, damit Sie Ihren Text auch Diplom nennen können; Word wird diesem die Zusatzbezeichnung ".TXT" geben.

Formatwunschliste und Text miteinander verheiraten

Haben Sie nun einen neuen (oder bereits bestehenden) Text und mehrere Formatwunschlisten, müssen Sie Word mitteilen, welche Formatwunschliste zu dem gerade eingeladenen Text dazugehört. Das kann auch dann einmal wichtig sein, wenn Word (aufgrund Ihrer rasanten Kopiererei) die zu einem Text gehörende Liste nicht mehr an der gewohnten Stelle finden kann, also auch zum "Reparieren".

Wenn Sie nun im Befehl *Muster* den Befehl *Übertragen Laden ...* ausführen, mit dem Befehl *Text (return)* wieder in Ihren Text zurückgehen, werden Sie feststellen, daß das *Übertragen Laden* gar nichts genützt hat. Warum? Mit diesem Befehl haben Sie nur eine andere Formatwunschliste zum Angucken eingeladen, aber nicht die Zuordnung zum Text geändert! Das geht nur im Textmodus. Nehmen wir einmal an, Ihre Formatuwnschliste heißt *Diplom* und ist auf der Diskette im Laufwerk *B* abgespeichert, dann geht das so:

(esc)
Format
Druckformat
Vorlage: *B:Diplom*
(return)

Natürlich dürfen Sie auch hier wieder (mit einer Pfeiltaste) fragen, welche Formatwunschlisten Word auf dem jeweiligen Laufwerk erkennt, und daraus eine aussuchen.

Formatwunschlisten mixen

Wollen Sie Formatwünsche aus mehreren Listen mixen (angenommen aus *A:STANDARD.DFV* und *B:DIPLOM.DFV*), um so eine neue Formatwunschliste zusammenzustellen, verfahren Sie bitte wie folgt:

1 Laden Sie die erste Formatwunschliste zur Bearbeitung ein; bearbeiten Sie dabei (wie oben) noch keinen Text!

(esc)
Muster
Übertragen
Laden
Dateiname: *A:Standard*
(return)

2 Hängen Sie nun die zweite Liste hinten an:

Übertragen
Zusammenführen
Dateiname: *B:Diplom*
(return)

Nun geht's ran an die Arbeit: Sie müssen alle gleichen *Tastenschlüssel* (Namen) und *Verwendungen* (sofern diese sich nicht durch *Varianten* unterscheiden) in der neuen Formatwunschliste ändern, sonst läßt Word Sie nicht in Ruhe: Sie können das Menü *Muster* nicht verlassen, Sie können die neue Formatwunschliste nicht speichern, solange doppelte Nennungen in ihr vorkommen.

"Diese Tastenschlüssel sind unvereinbar", "Ein solches Druckformat ist bereits vorhanden" lesen Sie, wenn Sie dennoch mehrere Wünsche mit gleichen Namen oder Verwendungen geäußert haben.

Ist Ihre neue Wunschliste jedoch in Ordnung, können Sie diese unter einem neuen (dritten) Namen ablegen; Ihre beiden "alten" Formatwunschlisten bleiben erhalten. Soll Ihre neue Wunschliste den Namen "Doktor" erhalten und auf der B:-Diskette abgelegt werden, geben Sie bitte den Befehl:

(esc)
Übertragen
Speichern
Dateiname: *B:Doktor*
(return)

Natürlich könnten Sie auch eine der beiden "alten" Listen mit Ihren neuen Wünschen überschreiben.

Wer hat Vorfahrt? Format Absatz oder Format Zeichen?

Beispiel:

Sie haben in einem Absatz einige Zeichen anders formatiert als die restlichen Zeichen des Absatzes, zum Beispiel unterstrichen.

Wollen Sie diesen Absatz nun nachträglich mit einem Absatzformat aus einer Wunschliste heraus formatieren, in dem als Zeichenformat Fettdruck mit aufgenommen wurde, so stellen Sie fest, daβ alle Zeichen des Absatzes nun fett erscheinen, nur eben die unterstrichenen nicht! Diese bleiben ganz einfach unterstrichen! Frechheit!

Überlegen Sie genau: eigentlich richtig, Word schmeiβt Ihren geäuβerten Formatwunsch nicht einfach weg! Wir lernen also:

> *Format Zeichen* hat Vorrang vor einem *Absatzformat*, in dem zusätzlich ein Zeichenformat vereinbart wurde.

Wollen Sie jedoch erreichen, daß das Zeichenformat, das in dem Absatz-Formatwunsch enthalten ist, ausgeführt wird, gehen Sie bitte so vor:

1 Markieren Sie den ganzen Absatz *(f10)*

2 Drücken Sie die Tasten *(alt) (Leertaste)*

Im allgemeinen brauchen Sie diese "Notbremse" nur, wenn Sie das Aussehen von Zeichen zuerst mit einem Formatwunsch für Zeichen und danach nocheinmal mit einem Formatwunsch für Absatz und Zeichen verändern wollen. Damit befinden Sie sich schon bis zu den Ellenbogen in Word; leichter haben Sie's jedenfalls, wenn Sie Ihre Formatierungen vorher sauber planen!

8 Zehn wichtige Tips

8.1 Word-Arbeitsplatz einrichten

8.2 Word-Arbeitsweise einstellen

8.3 Sicherheit über alles

8.4 Verwenden Sie nur eigene Muster!

8.5 Erst Formatwunsch äußern, dann Text eingeben

8.6 Absatz-Einteilung gleich vornehmen

8.7 Nachträgliche Fein-Formatierung

8.8 Fahren Sie Word mit Turbolader!

8.9 Disketten-Chaos vermeiden

8.10 Praktische Problemlösungen

8.1 Word-Arbeitsplatz einrichten

Die Einrichtung Ihres professionellen Word-Arbeitsplatzes müssen Sie zusammen mit einem Kenner des Betriebssystems PC-DOS vornehmen. Wenden Sie sich im Ernstfall an Ihren Händler. Alle wichtigen Maßnahmen sind hier beschrieben.

Wenn Ihr Rechner eine Festplatte besitzt

haben Sie in doppelter Hinsicht Glück gehabt: Erstens läuft Ihr Programm Word (und alle anderen Programme) schneller als auf einem nur-Disketten-PC, und zweitens steht Ihnen dort auch wesentlich mehr Platz zur Ablage Ihrer Programme und Texte zur Verfügung.

Befolgen Sie die Installationshinweise, wie sie im Word-Handbuch angegeben sind. Danach ist Ihr Word-Programm voll einsatzbereit.

Natürlich können Sie Ihr Word-Programm auch maßgeschneidert installieren:

- legen Sie ein neues Verzeichnis "WORD" auf Ihrer Festplatte an (Dos-Befehl: MD WORD)

- Geben Sie in Ihrer Autoexec-Datei zum vorhandenen PATH-Befehl noch das Verzeichnis WORD an. Wenn kein solcher Befehl drinnen steht, nehmen Sie diesen: "PATH C:\WORD;"

- Verzweigen Sie in das Unterverzeichnis WORD (DOS-Befehl: CD WORD)

- Kopieren Sie alle Dateien von der Programmdiskette auf die Festplatte

- Kopieren Sie nur die benötigte Druckerbeschreibungsdatei (mit dem Namenszusatz ".DBS") von der Druckerdiskette auf die Festplatte

- Kopieren Sie (bei Bedarf) alle Dateien des WORD-Lernprogramms von den entsprechenden Disketten auf Ihre Festplatte.

- Verzweigen Sie zurück in das Stammverzeichnis (DOS-Befehl: CD..)

Danach ist Ihr Word-Programm nach Neustart Ihres Rechners (aus jedem Verzeichnis Ihrer Festplatte dank PATH-Befehl) einsatzbereit.

Wenn Ihr Rechner keine Festplatte besitzt

Für das ständige Arbeiten mit Word empfiehlt es sich, das Word-Programm (und die dazugehörigen Dateien) auf einer Programm-Diskette zu halten und alle Texte auf einer (später mehreren) Text-Disketten.

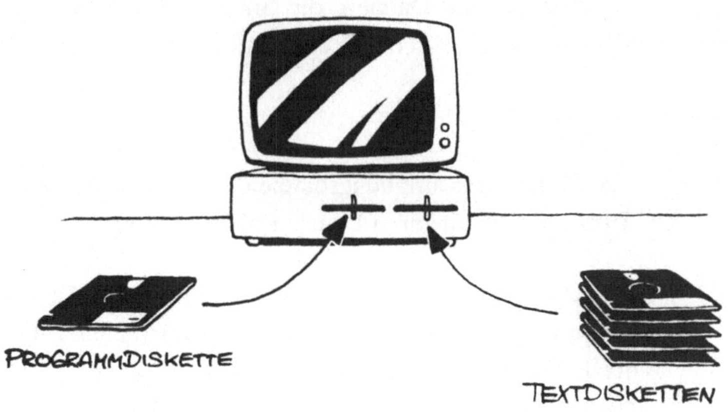

Word schreibt viele Text- und Format-Änderungen in eine Notizblockdatei, die auf der Word-Programmdiskette liegt. Während Ihrer Sitzung mit Word wird diese Datei nun immer größer. Irgendwann leuchtet in der Statuszeile der Text "SPEICHERN!" auf; spätestens dann sollten Sie Ihren Text sichern!

Wenn Ihr Personal Computer **keine Festplatte** besitzt, müssen Sie genügend Platz für diese Datei auf der Word-Programmdiskette zur Verfügung stellen. Wenn Ihr Personal Computer eine solche Festplatte besitzt, brauchen Sie die nachfolgenden Anweisungen nicht zu befolgen; auf der Festplatte ist genügend Platz für diese Datei!

Um nun möglichst viel Platz für diese wichtige Datei auf der Word Programmdiskette zu erhalten, müssen Sie einige andere Dateien, die mit dem Programm mitgeliefert werden, nach einer Sicherungskopie auf eine Reserve-Diskette von Ihrer Programmdiskette löschen. Verfahren Sie dabei bitte wie folgt:

- Kopieren Sie alle Dateien der Word-Programmdiskette auf eine vorher formatierte Leerdiskette. Liegt beispielsweise Ihre Word-Programmdiskette im Laufwerk A und die leere Diskette im Laufwerk B, so heißt Ihr Kommando hierzu:

  COPY A:*.* B: (return)

- Löschen Sie alle Dateien, die Sie zum Arbeiten mit Word nicht benötigen, von der Programmdiskette.

Das sind insbesondere folgende Dateien:

- alle Druckerbeschreibungsdateien (mit dem Namenszusatz **.DBS**), die Sie für Ihren Drucker nicht benötigen.

- Die Datei mit den Hilfe-Texten **MW.HLP** enthält fast 100 Seiten Hilfetext. Wenn Sie unser Buch verstanden haben und die Hilfe-Funktion nicht mehr benötigen, können Sie diese Datei auch von der Programmdiskette löschen.

- Alle Textdateien (mit dem Namenszusatz **.TXT**).

- Alle Text-Sicherungskopien (mit dem Namenszusatz **.SIK**).

Wollen Sie beispielsweise die Datei PROBE.TXT von Ihrer Programmdiskette, die sich gerade im Laufwerk A befindet löschen, so heißt der Befehl hierzu:

A> del a:probe.txt (return)

Alle anderen Dateien werden von Word benötigt.

Wenn Sie eine Maus haben, lesen Sie bitte im Kapitel **Die Steuerung des Programms Word** an entsprechender Stelle, wie Sie das Ihrem Computer sagen müssen.

Für die Aufnahme Ihrer Texte bereiten Sie bitte neue Disketten mit dem PC-DOS-Kommando FORMAT (siehe Beschreibung in Ihrem DOS-Handbuch). Denken Sie bitte daran, immer mindestens eine formatierte Leerdiskette in Reserve zu haben; sollte Word einmal Ihren mühsam frisch eingetippten Text nicht mehr auf Ihrer Diskette speichern können, wird das Programm Sie freundlich um eine neue, leere Diskette bitten.

Sie sind nun im Besitz folgender Disketten:

- **Word-Originaldiskette**, die in Ihrem Panzerschrank liegt
- **Word-Programmdiskette** mit allen "Werkzeugen"
- **Word-Reservediskette** mit allen zur Zeit nicht benötigten Werkzeugen
- **Word-Textdiskette(n)**
- mindestens eine **formatierte Leerdiskette**

8.2 Word-Arbeitsweise einstellen

Word kann sich einige Einstellungen merken, in welcher Weise Sie mit dem Programm arbeiten wollen. Sie müssen nur einmal zu Beginn Ihrer Arbeit mit Word diese Einstellungen festlegen. Sie gelten so lange, wie Sie keinen anderen mit "Ihrem Word" arbeiten lassen, der die Einstellungen umstellt oder löscht. Folgende Einstellungen kann Word sich merken:

Mit dem Befehl **Zusätze**

- Warnton ein/aus (weckt Sie bei verbotenen Dingen)
- die Maßeinheit, mit der Sie am liebsten arbeiten
- Überschreib-Modus ein/ausschalten
- Zeigen oder Verbergen von Sonderzeichen

Wollen Sie beispielsweise einmal ausprobieren, wie wir mit Word arbeiten, so stellen Sie bitte ein:

(esc)
Zusätze
Warnton: *(ein)* **aus**
Maßeinheit: **Zoll** *(Cm)* **10er-Teilg 12er-Teilg Punkte**
Überschreiben: **Ja** *(nein)*
Darstellungsform: **Normal** *(Druckbild)*
Sichtbar: *(Ja)* **nein**
(return)

Weiter kann Word sich merken:

Mit dem Befehl **Ausschnitt Optionen** können Sie einige Wünsche äußern, wie Ihr Bildschirm denn aussehen soll. Auch hier gilt: Einmal eingestellt, merkt sich Word diese Wünsche bis zur nächsten Änderung. Sie dürfen sich wünschen:

- Zeigen oder Verbergen der Druckformatspalte (dort stehen die Namen der Absatz-Formatwünsche)
- Zeigen oder Verbergen des Zeilenlineals am oberen Rand des Textfensters
- Hintergrundfarben, falls Sie einen Farbbildschirm benutzen

(esc)				
	Ausschnitt			
		Optionen		
			Ausschnitt Nr:	*1*
			Hintergrundfarbe:	*0*
			Druckformatspalte:	*(ja)* **nein**
			Zeilenlineal:	**ja** *(nein)*
(return)				

Und als letztes noch:

mit dem Befehl **Übertragen Optionen** können Sie Word mitteilen, auf welchem Laufwerk (und in welchem Unterverzeichnis, für Fortgeschrittene) Sie Ihre Texte liegen haben. Sie brauchen dann beim Laden und Speichern nicht immer den Laufwerksnamen anzugeben, Word kennt ihn schon. Diser Befehl darf nur ausgeführt werden, wenn Sie noch keinen Text getippt oder geladen haben, also nur nach dem Start von Word oder nach **Übertragen Bildschirmlöschen Gesamt.**

Wir empfehlen Ihnen folgende Einstellung (für einen Personal Computer mit zwei Diskettenlaufwerken):

(esc)				
	Übertragen			
		Optionen		
			Laufwerk/Inhaltsverzeichnis:	*B:*
(return)				

8.3 Sicherheit über alles

Wenn Sie unsere zwei untenstehenden Ratschläge stets befolgen, wird das Wort

Textverlust für Sie ein Begriff ohne Bedeutung bleiben.

1) Sichern Sie von Zeit zu Zeit (lieber zu oft als zu selten) Ihren neu geschriebenen oder geänderten Text zurück auf Diskette (Übertragen Speichern). Sollte Ihr Rechner einmal ausfallen (Stromausfall, Defekt), so ist nur der neu eingegebene Text seit der letzten Sicherung verloren.

Tip

> Lassen Sie Ihre Textdateien nicht zu groß werden! Speichern Sie Ihren Text kapitelweise ab! Das Speichern dauert bei großen Dateien sehr lang, und deshalb tun Sie es sicher auch nicht so oft, wie nötig.

Word ist (wie jedes andere EDV-Produkt auch) ein Sensibelchen: es merkt ganz genau, wenn Sie es einmal ganz eilig haben. Und es hat noch einen Nachtverstärker drin:

Wollen Sie nach 23 Uhr "nur schnell noch eine Seite schreiben und dann aber sofort sichern", obwohl "SPEICHERN" schon blinkt wie die Sturmwarnung in Konstanz im September, nutzt Word Ihre mißliche Lage sofort aus: Es versucht, Ihren Text (zumindest teilweise) wegzuwerfen.

Wenn Ihnen trotzdem einmal Texte abhanden kommen sollten, lesen Sie bitte im Kapitel 8.10 nach, bevor Sie etwas kaputt machen.

Wenn Sie ganz sicher gehen wollen:

Ganz wichtige Texte kopieren Sie bitte immer (nach der Bearbeitung mit Word) auf eine weitere "Sicherungsdiskette". Damit verringern Sie die Wahrscheinlichkeit, Text durch Diskettenverlust oder -Zerstörung zu verlieren. Verfahren Sie dabei wie folgt:

- Beenden Sie die Arbeit mit Word
- Legen Sie Ihre Textdiskette in das Laufwerk A: ein
- Legen Sie eine Sicherungsdiskette in das Laufwerk B: ein
- Kopieren Sie Ihre wertvolle Textdatei nun mit untenstehendem Befehl von der Diskette A: nach B:. Wenn Ihr Text "Geheim" heißt, lautet der Befehl:

A> copy a:geheim.txt b: (return)

8.4 Verwenden Sie nur eigene Muster!

Word bietet Ihnen einige "Alt-Tastenkombinationen zur direkten Formatierung" an. Diese schwierigen Begriffe bedeuten nichts anderes, als daβ die Word-Erfinder schon ein paar Formatwünsche in Word versteckt haben, die Sie mit bestimmten Tastendrücken wieder abrufen können.

Im ersten Augenblick erscheint das auch ziemlich praktisch zu sein. Wollen Sie einige markierte Zeichen fett schreiben, drücken Sie nur (alt) und X F, dann sind sie Zeichen schon fett.

Was aber, wenn Sie sich entschlieβen, alles, was **fettgedruckt** ist, nun *kursiv* zu schreiben? Nun, Sie müssen noch einmal durch den ganzen Text hindurch und alle Fett-Formatierungen zu Kursiv-Formatierungen umgestalten. Puh, denken Sie, Steinzeit, das ist aber gar nicht komfortabel!

Wie viel einfacher ist es doch, wenn Sie sich ein eigenes Muster für besonders gekennzeichnete Dinge anlegen und dort den Formatwunsch **Fett** eintragen. Gefällt Ihnen **Fett** nun nicht mehr, tragen Sie in diesem Muster einfach *Kursiv* anstatt **Fett** ein, und schon sind alle entsprechend formatierten Zeichen nach Ihrem neuen Wunsch gestaltet.

Weil das so eine tolle Sache ist, hier noch einmal kurz, wie man das macht: Formatwunsch vereinbaren:

(esc)
Muster
Einfügen
Tastenschlüssel: *zf*
Verwendung: *Hervorhebung*
Variante: *a*
Anmerkung: *im Augenblick Fett*
(return)

Den bisher leeren Formatwunsch ausfüllen:

(esc)
Format
Zeichen
Fett: *(ja)* **nein**
...
(return)
(return)

Und nun die Zuweisung zu einem Text, den Sie bereits markiert haben:

(alt) z f

Wenn der Formatwunsch mit dem Befehl Muster einmal vereinbart ist, ist die Zuordnung zum markierten Text mindestens genauso elegant wie bei den vorgeschlagenen Formatierungen! Wollen Sie alle mit (alt)ff fett gestalteten Text-Teile nun kursiv formatieren, müssen Sie nur den Formatwunsch entsprechend ändern:

(esc)
Muster
(bitte markieren Sie nun das Muster "ff")
Format
Zeichen
Fett: **ja** *(nein)*
Kursiv: *(ja)* **nein**
...
(return)
(return)

Im Augenblick des letzten (return) sind schon alle Ihre fetten Texte kursiv geworden! Ist das nicht super-elegant?

Wenn Sie Perfektionist sind, müssen Sie natürlich unbedingt noch die Anmerkung in Ihrem Formatwunsch neu eintragen:

(esc)				
	Muster			
		(bitte markieren Sie nun das Muster "ff")		
		Name		
			...	
			Anmerkung:	*Nun endlich kursiv*
(return)				

Übrigens: Aus allen hervorgehobenen Schriftarten schalten Sie zurück mit den Tasten **(alt) (Leertaste)**. Das geht aber nur dann, wenn Word im Textmodus ist, also kein Befehl hell unterlegt ist. Sie können das am Bildschirm sehen: Haben Sie ein paar (wenige oder viele) Zeichen markiert und drücken (alt)(Leertaste), schreibt Word Ihnen den Bildschirm neu: Wenn's hinterher auch nicht anders aussieht, so bemerken Sie doch ein kurzes Zucken der markierten Zeichen: Word hat Ihre Formatierung verstanden und vollzogen.

Rezept

zum Schreiben eines Satzes mit einem fetten Wort drin: Der letzten Satz wurde geschrieben mit folgenden Tasten:

(alt) zk zum Schreiben *(alt) (Leertaste)* eines Satzes ...

Das gleiche gilt für die Formatierung von Absätzen. Auch hier: Verwenden Sie bitte niemals die von Word vorgeschlagene direkte Formatierung; spätestens dann, wenn Ihre Ansprüche ein wenig über die vorgeschlagenen Standard-Formatierungen hinausgehen, hat sich der Aufwand zur Erstellung eigener Muster gelohnt.

Außerdem finden wir ja Word gerade deshalb so toll, weil wir bis in feinste Einzelheiten das Aussehen unserer Texte nach unseren eigenen Wünschen gestalten können. Was Word auf unserem Drucker (nach dessen technischen Möglichkeiten) liefert, ist genau das, was wir haben wollen.

8.5 Erst Formatwunsch äußern, dann Text eingeben

Teilen Sie bitte die Arbeit mit Ihrem Textsystem so ein:

1) Geben Sie Ihren Text möglichst blind in Ihr Textsystem ein. Schauen Sie dabei so wenig wie möglich auf Ihren Bildschirm, um Ihre Augen und Nerven zu schonen.

2) Lesen Sie den eingegebenen Text nach erfolgter Eingabe durch. Verbessern Sie erst jetzt Ihre Tippfehler und formatieren Sie erst jetzt Ihren Text nach Ihren anspruchsvollen Wünschen.

Immer dann, wenn Sie wissen, in welchem Absatzformat ein Text später einmal formatiert werden soll, können Sie diesen Formatwunsch bereits vor der Eingabe des Textes äußern. Das hat den Vorteil, daß Ihr Text (obwohl Sie nicht auf den Bildschirm schauen) schon fast so aussieht, wie er später einmal aussehen soll. Beispiel: Dieser Absatz wurde mit dem Formatwunsch A1 formatiert und so eingegeben:

(alt)A1 Immer dann, wenn Sie wissen, ...

Genauso können Sie Formatwünsche für Zeichen auch schon vor deren Eingabe äußern, wenn Sie vorher schon wissen, daß Sie diese Zeichen hervorgehoben darstellen wollen.

8.6 Absatz-Einteilung gleich vornehmen

Das Einzige, was Sie unbedingt bei der Texteingabe gleich tun sollten, ist die Einteilung Ihrer Texte in Absätze: Immer, wenn etwas Neues kommt (ein neuer Absatz oder ein neuer Text-Typ (Überschrift, Einrückung, ...)), drücken Sie bitte vorher die (return)-Taste: Damit beginnen Sie einen neuen Absatz, den Sie später in einem beliebigen Absatzformat individuell (natürlich nach einem Muster) gestalten können.

> Wenn Sie zu Ihrem letzten Absatz bereits einen Formatwunsch geäußert haben, wird dieser (nach Betätigen der Taste (return)) auch für den nächsten Absatz übernommen!

Das heißt: Wollen Sie mehrere aufeinanderfolgende Absätze im gleichen Format gestalten, brauchen Sie nur vor der Eingabe des ersten Absatzes Ihren Formatwunsch zu äußern.

Das ist schon wieder so was unheimlich Praktisches: Schreiben Sie also Fließtext (mehrere oder sogar viele gleiche Absätze direkt hintereinander), so brauchen Sie nur den ersten mit einem Formatwunsch zu behaften: alle anderen werden (nach Betätigen der Taste (return)) gleich gestaltet! Erst, wenn Sie einen anderen Absatz-Formatwunsch brauchen, bestellen Sie diesen.

Das ist nicht nur für Sie praktisch, sondern auch für Ihre Sekretärin:

> Sie schreiben (mit einem dicken roten Filzstift) in Ihrem Manuskript neben Ihre Absätze genau dann Ihren Formatwunsch hin, wenn er sich vom letzten unterscheidet. Sie (und Ihre Sekretärin) können also seitenlang an die herrlichsten Backrezepte oder Aminosäuren denken und nur nicht an dusslige Formatwünsche, und doch verteilt Word die von Ihnen gewählten Worte so auf dem Papier, wie Sie's (nach reiflicher Überlegung) getan hätten.

8.7 Nachträgliche Fein-Formatierung

Ihr Text ist nun "im Kasten", eine grobe Einteilung in Absätze ist bereits vorgenommen, und die meisten Absätze sind schon so formatiert, wie sie später einmal aussehen sollen.

Nun erfolgt die **Autorenkorrektur:** Sie können diese am Bildschirm oder mit Hilfe eines Probeausdrucks vornehmen. Der Probeausdruck kostet zwar etwas Papier, aber diese Arbeitsweise schont Ihre Augen. Entscheiden Sie selbst nach Umwelt- und Selbstbewußtsein.

- Die **Absatzeinteilung** wird überprüft: Stimmen Reihenfolge und Einteilung? Sind die Absätze im richtigen Absatzformat formatiert? Müssen einige Formatwünsche korrigiert werden? Gehen Sie jedes Formatierungsmerkmal einzeln durch: Der Text soll übersichtlich, gut strukturiert und für das Auge des Lesers ansprechend dargestellt werden.

- Sind die **Ausprägungen** zur Hervorhebung bestimmter Textteile richtig platziert? Sind alle wichtigen Textteile markiert?

Letzte Tippfehler werden zusammen mit diesen Änderungen bereinigt; ebenso werden Trennfugen zur Silbentrennung (mit *(Ctrl)-*) dort eingefügt, wo große Abstände zwischen den Wörtern bestehen.

Papierformat ausreizen

Ganz zum Schluß, also für den allerletzten Ausdruck, wird das Papierformat in allen Einzelheiten festgelegt.

Bisher haben Sie mit dem **Word-Standardformat** gearbeitet; Wenn Sie bald Ihr erstes wichtiges Dokument bearbeiten, wollen Sie sicherlich auch hier bis ins Feinste formatieren. Sie lernen das im Kapitel "Professionelle Textverarbeitung mit Word".

8.8 Fahren Sie Word mit Turbolader!

Bisher haben wir versucht, Sie mit möglichst wenig Details zu belasten, die das Bewegen der Schreibmarke auf dem Bildschirm und das Markieren von Text betreffen. Sie hätten sonst vielleicht vor lauter Bäumen den Wald nicht gesehen. Sie sollten zunächst ein Gefühl für die logische und organisatorische Konzeption von Word bekommen und erst dann die Einzelheiten kennenlernen. Word bietet Ihnen eine ganze Reihe von Schnellverfahren an, von denen wir Ihnen hier die wichtigsten zusammengestellt haben:

.i.Bewegen der Schreibmarke; auf dem Bildschirm:

- *(Home)* bewegt die Schreibmarke an den Zeilenanfang.
- *(End)* bewegt die Schreibmarke ans Zeilenende.
- mit *(Ctrl)(Home)* geht's an den Anfang des Bildschirms.
- mit *(Ctrl)(End)* geht's an das Ende des Bildschirms.

Bewegen im gesamten Text:

- *(PgDn)* blättert einen Bildschirminhalt nach unten.
- *(PgUp)* blättert einen Bildschirminhalt nach oben.
- *(Ctrl)(PgDn)* springt an das Ende Ihres Textes.
- *(Ctrl)(PgUp)* springt an den Anfang des Textes.

Es gibt noch zahllose weitere Möglichkeiten, die Arbeit mit Word zu beschleunigen. Sie sollten diesbezüglich mal die "Kurzübersicht über die Befehle" studieren, die Sie zusammen mit Ihrem Word-Handbuch bekommen haben, und sich einen Überblick über die verschiedenen Beschleunigungsmöglichkeiten verschaffen. Probieren Sie ruhig mal alle Möglichkeiten aus und sehen Sie, was am besten zu Ihrem persönlichen Arbeitsstil paβt. Das zu entscheiden, wollen wir völlig Ihnen und Ihrem Gefühl, wie Sie am liebsten mit Word arbeiten, überlassen.

8.9 Datenchaos vermeiden

Sie glauben nicht, wie schnell es geht, daß sich bei Ihnen eine Unmenge von Texten angehäuft hat und Sie (früher oder später) den Überblick verlieren. Beginnen Sie deshalb schon frühzeitig, Ihre Festplatte und auch Ihre Disketten sinnvoll und übersichtlich zu strukturieren und zu ordnen, damit Sie Ihre Texte nach systematischen Gesichtspunkten geordnet speichern und wiederfinden können.

Als Beispiel einer solchen Ordnung kann folgende Systematik dienen:

- Berichte
- geschäftliche Korrespondenz
- Formulare und Mustertexte
- Serienbriefe
- allgemeine Korrespondenz

und so weiter ... (je nach Ihrem Bedarf). Halten Sie säuberlich Programm- und Datendisketten auseinander, bei letzteren sollten Sie möglichst auch zwischen Daten, die zu verschiedenen Anwendungsprogrammen (etwa Word, Datenbanksystem, Tabellenkalkulation ...) gehören, unterscheiden. Trennen Sie auch zwischen Originaldisketten und Sicherungskopien.

Am besten verwenden bei jeder dieser Diskettengruppen eine andere Farbe für das Etikett. Zum Beispiel:

blau	-	**Programme**
rot	-	**wichtige Datendisketten**
gelb	-	**Originaltexte**
grün	-	**Sicherungskopien**
lila	-	**Test-Daten und Sonstiges**

Legen Sie sich auch baldmöglichst einen Diskettenkasten zu, in den Sie die Disketten (selbsverständlich **mit Schutzhülle!**) wie Karteikarten einsortieren können.

Auf Ihrer Festplatte vermeiden Sie Chaos am Besten dadurch, daß Sie entsprechende DOS-Inhaltsverzeichnisse (vgl. Kapitel 9.13) anlegen und (konsequent!) benutzen. Sicherungskopien von Texten, Daten und Programmen sollten Sie auf jeden Fall (auch) auf Disketten und nicht (nur) auf der Festplatte anlegen. Auch Festplatten sind empfindlich.

8.10 Praktische Problemlösungen

Wie überall im Leben geht auch bei Ihrem Personal Computer und bei Word manchmal etwas schief. Zwei Dinge sind für Sie von besonderer Wichtigkeit:

Wenn Ihr Rechner "hängt"

das heißt, wenn sich nichts mehr tut und Ihr Personal Computer nicht mehr auf Ihre Eingaben reagiert, gehen Sie am besten nach folgendem Plan vor:

- Warten Sie zunächst ein bis zwei Minuten ab, bis Sie sicher sind, daß sich wirklich nichts tut.
- Öffnen Sie die Laufwerksklappen und nehmen Sie die Disketten heraus.
- Versuchen Sie mit der Tastenkombination

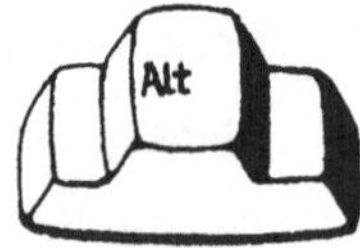

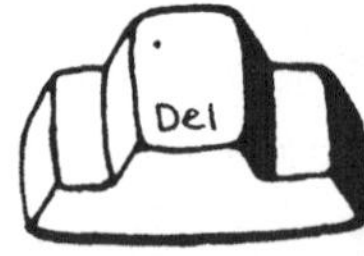

(dem sogenannten "Affengriff",) einen "Warmstart", d.h. Abbruch des Programms Word und Neustart des Betriebssystems DOS. Wenn Sie keine Festplatte haben, müssen Sie Ihre Betriebssystemdiskette ins Laufwerk A: einlegen und den "Affengriff" wiederholen. Danach erscheint die altbekannte Anfrage nach Datum und Uhrzeit, die Sie - wie gewöhnlich - beantworten.

- Falls das nicht geklappt hat, bleibt nur noch ein's übrig: Rohe Gewalt! Schalten Sie Ihren Personal Computer aus und starten Sie nach einer Pause von ca. einer Minute von neuem. Vor dem Abschalten sollten Sie jedoch die Klappen der Diskettenlaufwerke öffnen, sonst könnten die eingelegten Disketten gelöscht werden.

Nachdem Sie diese Prozedur hinter sich gebracht haben, können Sie Ihr Word wieder ganz normal benutzen.

Was machen bei "DATENTRÄGER VOLL"

Wenn Ihre Textdiskette oder die Festplatte voll ist, teilt Ihnen Word beim Speichern in der Meldungszeile höflich aber bestimmt mit:

DER DATENTRÄGER IST VOLL: Die Kapazität dieses Datenträgers ist erschöpft.

Sie sollten sich dann mit dem Befehl

(esc)
Übertragen
Dateilöschen
Dateiname: *(Pfeiltaste)*

die Liste aller Dateien geben lassen und mit demselben Befehl Dateien mit der Dateinamenerweiterung .SIK oder auch andere überflüssige Dateien löschen. Hierzu noch ein Tip:

> Wenn Sie die zu löschenden Dateien mit der Maus aus der Liste auswählen, nehmen Sie bitte den linken Knopf.

Sie könnten ja gerade noch im letzten Augeblick beim Drücken des Knopfes verrutschen und dann doch die falsche Datei erwischen. Bei Verwendung des rechten Knopfes wäre die Datei dann nämlich schon gelöscht.

Bei einigen Dateien wird Ihnen Word sagen

Ich darf die Datei nicht löschen!

Ärgern Sie sich nicht: Word hält sich dabei nur an die Gesetze seines Herrschers, nämlich des Betriebssystems DOS. Bringen Sie daher Ihr Word nicht in einen Gewissenskonflikt und versuchen Sie, eine andere Datei zu löschen.

Wenn Sie auf diese Weise alle überflüssigen Dateien gelöscht haben, versuchen Sie (nochmals) Ihren Text zu speichern.

Wenn dann wieder die Meldung "Datenträger voll" kommt, können Sie Ihren Text auf einer (anderen) Diskette speichern, auf der noch genügend Platz für Ihren Text bereitsteht. Eine leere Diskette muß hierfür aber bereits mit dem DOS-Kommando FORMAT formatiert sein, sonst geht's nicht. Deshalb:

> Haben Sie immer (mindestens) eine formatierte Leerdiskette zur Hand!

Jetzt kann es sein, daß in der Meldungszeile ein- oder auch mehrmals (manchmal auch sehr oft) die Anforderung kommt

Geben Sie J ein für erneuten Zugriff auf ...

Sie müssen dann die jeweils andere Diskette wieder einlegen und dies mit "j" bestätigen.

Und so weiter und so fort ...

... bis es aufhört ... oder bis Sie die Nase voll haben. In letzterem Fall können Sie die Sache in der Weise abwürgen, daβ Sie genauso vorgehen, wie vorhin im ersten Teil dieses Kapitels "Wenn Ihr Rechner hängt" beschrieben. Dann aber ist Ihr Speicherungsversuch gescheitert, d.h. der Text und die Änderungen, die Sie seit der letzten gelungenen Speicherung eingegeben haben, sind verloren. Überlegen Sie sich also gut, ob Sie die Nase voll haben oder ob Sie nicht doch lieber noch ein Weilchen "Diskette wechsle Dich" spielen wollen.

Wenn auch bei dem Versuch, auf eine leere Diskette zu speichern, die altbekannte Meldung "DATENTRÄGER VOLL ..." erscheint, kann dies auch daran liegen, daβ Ihre Programmdiskette (wegen der dort zwischengespeicherten Notizblockdatei) voll ist. Sie können dann versuchen, mit dem Befehl

(esc)
Übertragen
Dateilöschen
Dateiname: *a:(Pfeiltaste)*

überflüssige Dateien auf der Programmdiskette zu löschen. Seien Sie dabei aber sehr vorsichtig und überlegen Sie genau, damit Sie nicht eine wichtige Datei löschen. Wenn Sie sich nicht sicher sind, fragen Sie lieber jemanden, der sich auskennt.

Auf der Programmdiskette sind normalerweise alle Dateien entbehrlich, die die Dateinamenerweiterungen

.SIK
.TXT

haben. Weiter können Sie auch alle diejenigen Dateien auf der Programmdiskette löschen, die in Kapitel 8.1 genannt sind. Bitte lesen Sie aber zuvor dort nach und vergewissern Sie sich, ob Sie wirklich Sicherungskopien von diesen Dateien haben.

Ansonsten:

Datei gelöscht ... Was nun?

Wenn Sie mal versehentlich eine wichtige Datei gelöscht haben, von der Sie keine Sicherungskopie hatten, sollten Sie vorläufig mit dieser Diskette, bzw. mit der Festplatte nicht mehr arbeiten und sich bei Ihrem Händler oder in Ihrem Bekanntenkreis umhören, ob jemand das Programmpaket

The Norton Utilities

besitzt. Damit ist es nämlich möglich, gelöschte Dateien wiederherzustellen. Aber nur dann, wenn die von der gelöschten Datei benutzten Speicherbereiche (sogenannte "Sektoren") zwischenzeitlich nicht von einer anderen Datei benutzt wurden.

Wenn andere als die hier beschriebenen Probleme auftreten, sollten Sie zunächst Ihr Word-Handbuch zu Rate ziehen. Dort finden Sie neben der alphabetischen Zusammenstellung aller Word-Befehle eine Liste sämtlicher Mitteilungen, die in der Meldungszeile vorkommen könnnen, jeweils zusammen mit einem kurzen Hinweis, was Sie tun können. Falls Sie auch damit nicht weiterkommen, müssen Sie jemanden fragen, der sich mit Word und DOS gut auskennt, z.B. Ihren Händler.

9 Professionelle Textverarbeitung mit Word

9.1 Drucken wie am Schnürchen

9.2 Format Bereich: bis in's Feinste

9.3 Texte mit Fußnoten

9.4 Textbausteine

9.5 Tabulatoren

9.6 Textspalten: für Tabellen und zum Rechnen

9.7 Fensterln: Texte montieren mit Word

9.8 Gleichbleibende Kopf-/Fußzeilen

9.9 Die Rechtschreibhilfe

9.10 Texte gliedern

9.11 Verzeichnisse

9.12 Post an alle: Der Serienbrief

9.13 Word mit DOS-Inhaltsverzeichnissen

9.14 Bücher schreiben mit Word

9.1 Drucken wie am Schnürchen

Bisher haben Sie Ihren Drucker noch gar nicht richtig ausreizen können, obwohl Sie sich doch so viel Mühe mit der Auswahl gemacht haben und auch endlich einen echten Word-Brief drucken wollen! Nun, jetzt geht's richtig los.

Zuerst einmal müssen Sie Ihren Drucker so anschließen (oder vom Händler anschließen lassen), daß er mit Ihrem Personal Computer zusammen arbeiten kann. Überprüfen Sie das, indem Sie mit den Tasten (shift) und (PrtSc) (nicht Pirat Störtebecker, sondern Print Screen, engl: Drucke Bildschirminhalt) den Inhalt Ihres Bildschirms auf die Reise zu Ihrem Drucker schicken.

Kommt der Text dort an und wird so gedruckt, wie Sie's am Bildschirm sehen, haben Sie die erste Klippe geschafft: Ihr Drucker und Ihr Computer mögen sich!

Ihr Drucker kennt sicherlich einige verschiedene Spezialitäten so wie unterstrichen, **Fettdruck**, Hoch- und Tiefstellung von Zeichen, verschiedene Schriftsätze und anderes mehr - eben solche Spezialitäten, wie sie Ihnen in Word nun schon selbstverständlich geworden sind.

Nun muß man leider jedem Drucker in seiner ganz speziellen "Sprache" mitteilen, welche Leistungen man von ihm gerade in Anspruch nehmen will: Word muß also Ihren Drucker zuerst einmal kennenlernen, bevor es ihn bedienen kann.

Dieses Kennenlernen besteht nun darin, daß irgend jemand einmal eine **Druckerbeschreibungsdatei** (DBS-Datei) für Ihren Drucker erstellen muß. Möglicherweise ist in der langen Liste der von Microsoft mitgelieferten DBS-Dateien gerade eine für Ihren Drucker dabei! Dann haben Sie Glück: Ihr Händler hat Ihnen einen Drucker verkauft, den Word kennt!

Wenn nicht, und das hören wir leider in manchen Fällen, stehen Ihnen folgende Möglichkeiten zur Auswahl:

1 Sie tauschen Ihren schönen Drucker gegen einen "Word"-Drucker um. Das wird in den meisten Fällen der angenehmste Weg für Sie sein. Wenn Sie Ihren Personal Computer mit Microsoft Word und dem Drucker als eine Einheit gekauft haben, muß Ihnen Ihr (Fach-) Händler auch die Funktionstüchtigkeit dieser Einheit zeigen können. Sprechen Sie mit ihm.

2 Sie lassen sich von einem Word-System-Kenner eine solche "DBS"-Datei für Ihren Drucker anfertigen. Versuchen Sie das bitte nicht selber, es ist sehr schwierig. Wenn Ihnen Ihr Händler hier nicht weiterhelfen kann, wenden Sie sich bitte an Microsoft; selbstverständlich können wir Ihnen im Einzelfall auch mit anderen guten Adressen weiterhelfen.

3 Sie verwenden - weil Sie Ihren Drucker nicht hergeben möchten oder können, aber trotzdem mit Word drucken wollen = eine "Universal-DBS-Datei": Word bietet einige an, sie heißen "TTY", "TTYBS" und "TTYWHEEL" (sehen Sie in drei Minuten, wie Sie das machen).

Prüfen Sie Ihre Situation bitte wie folgt:

- Stellen Sie fest, ob Word Ihren Drucker kennt (eine DBS-Tabelle für Ihren Drucker anbietet):

> **(esc)**
> **Druck**
> **Optionen**
> **Drucker:** *Pfeiltaste*

Schauen Sie nach, ob in der angebotenen Liste Ihr Drucker (eventuell finden Sie hier ein Kürzel) vorhanden ist. Wenn:

ja: wählen Sie ihn aus (mit den Pfeiltasten, danach (return))

nein: wählen Sie vorerst den Universal-Drucker **TTYGERM** oder **IBMGRAPH** aus (mit den Pfeiltasten und danach (return)). Überlegen Sie sich, wie Sie Ihr Drucker-Problem in Zukunft lösen wollen.

> Eine der herausragenden Leistungen von Word ist gerade die allerfeinste Ansteuerung Ihres ganz speziellen Druckers. Ist diese (wegen Fehlen der entsprechenden DBS-Datei) nicht gegeben, haben Sie hier ein Nadelöhr: Sie und Word bemühen sich aufs Beste, aber es kommt nicht alles auf's Papier. Lösen Sie Ihr Drucker-Problem, es lohnt sich!

Nach (return) lesen Sie "**Ich lese die Druckerbeschreibung**" in der Meldungszeile. Word kennt danach Ihren Drucker für alle Zeiten (natürlich nur bis zur nächsten DBS-Auswahl im Befehl "Druck Optionen Drucker").

Schauen Sie nun auf Ihr Befehls-Menü: Sie lesen den Befehl **Druck Drucker,** der nur noch auf Ihr *(return)* wartet, um endlich drucken zu können! Geben Sie's ihm!

Der Befehl **Druck** kennt weitere Unterbefehle, mit denen Sie steuern können, wie **Druck Drucker** im einzelnen ausgeführt werden soll, aber auch noch andere Spezialitäten bestellen können. Doch bevor Sie weiterlesen, hier ein heißer Tip:

Gedruckt wird in Word (fast) **immer so:**

> Zuerst wird neu eingegebener Text gesichert mit
> *(esc) Übertragen Speichern*
>
> danach werden Druckparameter eingestellt mit
> *(esc) Druck Optionen ...*
>
> und dann wird gedruckt mit
> *(esc) Druck Drucker*

Schauen wir uns die große Liste der Druck-Unterbefehle genauer an. (Damit Sie nicht gleich alles verstehen müssen, schreiben wir dazu, was wichtig ist und was nicht). Hier eine Zusammenfassung:

Druck Drucker (absolut notwendig)

druckt Ihren Text sofort so aus, wie Sie es mit Druck Optionen festgelegt haben. Einen laufenden Ausdruck können Sie durch Drücken der Taste (esc) unterbrechen. Word fragt Sie dann nach Ihren weiteren Wünschen, **beachten Sie die Meldungszeile!**

Druck Optionen (absolut notwendig)

erlaubt Ihnen, einige Angaben zum späteren Druck zu machen:

Drucker:

Fordern Sie (mit einer Pfeiltaste) die Liste der von Word bereits angepaßten Drucker an und wählen Sie einen aus.
Noch einmal: Ist Ihr Drucker nicht dabei, wählen Sie vorerst einen der Standard-Drucker (TTYGERM oder IBMGRAPH) aus, bis Sie Ihr Druckerproblem gelöst haben. Word merkt sich Ihre Auswahl bis zur nächsten Änderung.Lösen Sie Ihr Drucker-Problem nicht, wenden Sie sich im Ernstfall (Katastrophe) an uns.

Konzept:

Bei "Ja" druckt Ihr Drucker, so schnell er kann; dafür aber nicht ganz so schön, wie Sie es gefordert haben (keine Zeichensatz-Ausprägungen wie fett, unterstrichen ...). Bei "Nein" erhalten Sie das von Ihnen geforderte Druckbild.

Warteschlange:

Bei "Ja" kann Ihr Personal Computer auf einmal zwei Dinge zugleich: Erstens Ihren Text drucken, und zweitens Sie weiterarbeiten lassen. Bei "Nein" wird gedruckt und Sie müssen warten.

Exemplare:
Hier können Sie angeben, wie oft Sie Ihren Text (hintereinander) gedruckt haben möchten. Sagen Sie nichts, wird Ihr Text nur einmal gedruckt.

Umfang:
"Alles" druckt wirklich alles,"Markierung" druckt nur den vorher markierten Text, "Seiten" druckt nur die Seiten, die Sie angegeben haben im Feld:

Seitenzahlen:
(nur wirksam bei "Umfang=Seiten"). Beispiele:
5 (Seite 5 wird gedruckt),
8:9 (Seiten 8 bis 9 werden gedruckt),
8:10;12 (Seiten 8 bis 10 und 12 werden gedruckt)

Vorschub:
"Seite": Sie legen jedes Blatt einzeln in Ihren Drucker ein. Word fragt Sie nach jeder Seite, ob Sie weiterdrucken wollen

"Endlos": Sie haben ZickZack-gefaltetes Endlos-Papier und wollen nicht bei jeder Seite gefragt werden
"Schacht 1", "Schacht 2", "Schacht 3" und "Verschiedene" sprechen die Einzelblattzufuhr Ihres Druckers an. Dazu müssen Sie sowohl die entsprechenden Zusatzvorrichtungen für Ihren Drucker haben, als auch eine entsprechend aufgebaute Druckerbeschreibungs- (DBS-) Datei. Fragen Sie Ihren Händler, er wird Sie entsprechend beraten.

Druckeranschluß:
Die vorgeschlagene Antwort "LPT1:" steht nicht umsonst da: Nur wenn Sie Ihren Personal Computer bewußt mit zusätzlichen Druckeranschlüssen ausstatten lassen und einen entsprechenden Drucker anschließen, müssen Sie hier etwas anderes eingeben. Ihr Händler sagt Ihnen, was.

Druck Platte/Diskette (Nur für Spezialisten)
gibt den formatierten Text druckreif in eine Datei anstatt auf den Drucker aus. Diesen Text kann man später (ohne die Benutzung von Word) an einem Personal Computer ausdrucken. Diesen Befehl werden Sie sehr selten benötigen.

Druck Umbruch_Seite (Sehr nützlich)
Sind Sie neugierig (oder sparsam mit Papier, wofür Sie sofort ein Lob kriegen) und wollen schon vor dem Ausdruck wissen, wo Word neue Seiten in Ihrem Text beginnen läßt, benutzen Sie diesen Befehl: Word berechnet alle Stellen in Ihrem Text, wo auf dem (gedachten) Papier neue Seiten anfangen würden. Danach können Sie mit dem Befehl Gehezu Bildschirmseite jede beliebige Seite in Ihrem Text aufschlagen; In der Statuszeile sehen Sie, auf welcher Seite die Schreibmarke gerade steht.

Druck Sofort (Nur für Spezialisten)
Nach dem Einstellen dieses Befehls druckt Word jedes Zeichen, das Sie eingeben, sofort aus - so, wie Sie es von Ihrer Schreibmaschine her gewohnt sind.

Druck Warteschlange (Nur für Spezialisten)
Wenn Sie mehrere Texte direkt hintereinander auf die Reise zu Ihrem Drucker geschickt haben (mit Druck Optionen Warteschlange=ja und mehreren nachfolgenden Befehlen Druck Drucker), können Sie mit "Weiter", "Pause", "Neustart" und "Stopp" das Drucken Ihrer Texte aus der Warteschlange so steuern, wie Sie das Abspielen von Musikstücken von Ihrem Cassettenrecorder her gewohnt sind.

Sie sehen, der Befehl Druck hat's in sich! Wir empfehlen Ihnen für Ihre ersten Ausdrucke, die richtige Drucker-Beschreibungsdatei auszuwählen und erst einmal alles auszudrucken; erst später, wenn Sie die Sache im Griff haben, sollen Sie variieren. Also zuerst:

Rezept für einen zweiten Ausdruck

(esc)
Druck
Optionen
Drucker: *(Pfeiltaste)*
Konzept: **Ja** *(Nein)*
Warteschlange: **Ja** *(Nein)*
Exemplare:
Umfang: *(Alles)* **Markierung Seiten**
Seitenzahlen:
Vorschub: **Seite** *(Endlos)* **Schacht ...**
Druckeranschluß: **LPT1:**
(return)

Sie merken schon, wir gehen davon aus, daß Sie einen Drucker mit Endlos-Papier und keine Sonder-Einrichtungen an Ihrem Personal Computer haben.

Wenn Sie zu einem der Befehlsfelder keine Angabe machen (wie zum Beispiel bei "Seitenzahlen", nimmt Word Ihnen das nicht krumm: Nur, wenn Sie bei "Umfang" "Seiten" gesagt haben , werden Sie nach den Seitenzahlen gefragt, sonst nicht. Word liest Ihnen also auch hier Ihre Wünsche von den Augen (Fingern) ab.

Jetzt steht in Ihrem Befehlsmenü: **Druck Drucker**. Geben Sie *(return)*, lösen Sie den Druckvorgang aus. Hoffentlich schwitzen Sie jetzt genauso wie wir, wenn wir ganz besondere Leistungen von einem "neuen" Drucker austesten!

Wir haben was ausgelassen? Druck Serienbrief? Diese Funktion ist so umfangreich, wir haben daraus ein eigenes Unterkapitel gemacht! Lesen Sie bitte weiter unter **Post an alle: Der Serienbrief**.

9.2 Format Bereich: bis ins Feinste

Schon im Kapitel 6 "Formatieren: Das Aussehen der Texte gestalten" haben wir den Befehl Format Bereich kennengelernt - wenn auch nur die wichtigsten Funktionen.

Hier geht's nun ans Eingemachte.

Hatten wir doch der Einfachheit halber gesagt, ein **Bereich** sei einfach ein großes Stück Text, in der Regel unser gesamter Text, müssen wir nun genauer werden:

> Word erlaubt das Aufteilen des gesamten Textes in beliebig viele einzelne **Bereiche,** die alle ein unterschiedliches **Bereichsformat** aufweisen dürfen.

Sie können also an beliebiger Stelle - also auch mitten auf einer Seite - ein neues Bereichsformat beginnen. Wozu, denken Sie, ist denn das gut?

Innerhalb eines Bereiches bleiben alle Formatierungs-Merkmale, die mit dem Befehl **Format Bereich** eingestellt werden können, unverändert.

Das heiβt also: Wenn Sie eine andere Blatteinteilung als bisher verwenden wollen, müssen Sie einen **neuen Bereich** beginnen. Selbst wenn Ihre neue Blatteinteilung mitten auf der Seite Dreizehn beginnen soll und bis zur Mitte der Seite Vierzehn gelten soll: Bereichsgrenzen müssen Sie dort einfügen, wo Bereiche unterschiedlich formatiert werden sollen.

Mit der Tastenkombination *(ctrl) (return)* beginnt man einen neuen Bereich. Word zeigt die **Bereichsgrenze** mit einer Doppelpunkt-Zeile an. In dieser Zeile ist der Formatwunsch für den (vorstehenden!) Bereich enthalten.

::

Gewöhnen Sie sich an, ein **bestehendes Bereichsformat** so zu erfragen: Zeigen Sie mit der Schreibmarke auf die Doppelpunktzeile und geben Sie:

(esc)
Format
Bereich
Seitenrand
jetzt sehen Sie den aktuellen Formatwunsch
(esc)
(return)

Was, ist Ihre nächste Frage, kann denn der Grund für einen Bereichswechsel sein? Was kann man denn alles einstellen?

1 das **äußere Papierformat** (wie im Kapitel 5 beschrieben) kann für jeden Bereich anders eingestellt werden

2 **Kopf- und Fußzeilen** können an anderen Stellen des Papiers angeordnet werden.

Und, wenn Sie den Befehl **Format Bereich Paginierung** wählen:

3 die **Seitenzählung** kann in Form und Zahl anders bestellt werden

Und, wenn Sie den Befehl **Format Bereich Layout** wählen:

4 die **Spaltenzahl** kann geändert werden. Word kann Ihren Text ein- oder mehrspaltig drucken.

5 Die **Fußnoten** können als echte Fußnoten (am unteren Seitenrand) oder als Anmerkungen (am Ende des Bereichs) ausgedruckt werden

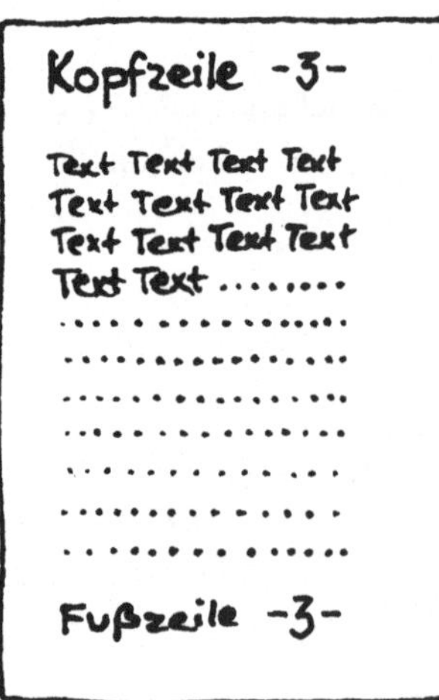

Mit diesen Möglichkeiten können Sie Ihrer Tageszeitung Konkurrenz machen: Überschriften können Sie über die ganze Papierbreite drucken lassen, den Text dazu (in einem neuen Bereich) in mehreren Spalten, und dazu spaltenweise auch noch die Fußnoten an der richtigen Stelle.

Nachdem Sie nun gelernt haben, was Sie alles *bereichsformatieren* können, nun der nächste Schritt: **Wie sag ich's meinem Word?**

Format Bereich Seitenrand

Den weißen Freiplatz um Ihren Text herum bis zu den Blattgrenzen haben Sie schon im Kapitel 6 eingestellt:

Seitenrand oben, unten, links, rechts: erlauben Ihnen eine genaue Einstellung. (Achtung: Wenn Sie **Bundsteg** verwendet haben, addieren sich diese Maße!)

Seitenlänge und Breite: kennen wir schon aus Kapitel 6: Geben Sie hier Ihre tatsächlichen Papiermaße in Zentimeter oder Zoll an!

Bundsteg: Wenn Sie Ihren Text binden lassen wollen und haben linke und rechte Textseiten bedruckt, müssen Sie für linke und rechte Seiten einen unterschiedlichen Rand zum Binden freilassen: den Bundsteg. Geben Sie hier soviel an, wie für das Binden erforderlich ist. Wenn Sie Ihr Papier nicht binden lassen, geben Sie den Wert 0 an.

Abstand Kopfzeile von oben: Die Kopfzeile (und Fußzeile) wird außerhalb der Seitenränder gedruckt. Geben Sie acht, daß die Kopfzeile (mehr darüber später) nicht in Ihren Text hineinragt! Word läßt sie sonst einfach aus!

Abstand Fußzeile von unten: siehe oben.

Format Bereich Paginierung

Wollen Sie Ihren Text mit **Seitenzahlen** versehen, bietet Word Ihnen einige Möglichkeiten zur Position der Seitenzahl auf dem Blatt und zur Zählweise an[1]. Schalten Sie für Ihre ersten Versuche die Seitenzählung einfach einmal ein und sehen sich das Ergebnis auf dem Papier an; gehen Sie erst später in die Einzelheiten. Die Seitenzahlen sehen Sie nie auf dem Bildschirm, immer nur auf dem Ausdruck[2].

Paginierung: Ein/Ausschalten der Seitenzählung insgesamt

Abstand oben, Abstand links: Mit diesen Angaben bestimmen Sie, wie weit entfernt die Seitenzahl vom oberen und linken Papierrand gedruckt werden soll.

Pagina: Fortlaufend veranlaßt Word, diesen Ihren Bereich mit der nächsten freien Seitenzahl beginnen zu lassen. Ist ` s Ihr erster Bereich, beginnt er mit 1. Wollen Sie die Seitenzahl Ihres Textes bei einer ganz bestimmten Startzahl beginnen lassen, geben Sie hier **Beginn.** Das ist zum Beispiel dann erforderlich, wenn Sie Ihre Kapitel als eigene Texte abgelegt haben und sie nun mit der "richtigen" Seitenzahl starten lassen wollen. Diese geben Sie ein mit:

Bei: Startzahl der Seitennumerierung, falls Sie bei **Pagina** den Wert **Beginn** angegeben haben.

---

1 Wollen Sie Word an dieser Stelle weiter ausreizen, lesen Sie bitte Kapitel 9.6: Gleichbleibende Kopf- und Fußzeilen. Da können Sie Ihre Seitenzahlen noch viel raffinierter unterbringen.

2 Nach Ausführung des Befehls **Druck Seitenumbruch** weiß Word jedoch, wo neue Seiten beginnen und zeigt Ihnen das auch am Bildschirm (in der Statuszeile, das ist die unterste am Bildschirm) an. Sie können dann auch mit dem Befehl **Gehezu Bildschirmseite xx** in Ihrem Text blättern.

Form erlaubt Ihnen, das Aussehen Ihrer Seitenzahlen zu gestalten: Sie können arabisch (1), römisch groß (I) oder klein (i), alphabetisch groß (A) oder klein (a) zählen lassen. Viel Spaß.

Format Bereich Layout

Fußnoten: SelbeSeite / Ende: Die **Fußnoten** können als echte Fußnoten (am unteren Seitenrand) oder als **Anmerkungen** (am Ende des Bereichs) ausgedruckt werden

In der Regel werden Sie Ihre Texte wohl **einspaltig** ausdrucken lassen. Wollen Sie jedoch zwei oder mehrere Spalten Text nebeneinander angeordnet haben, können Sie das mit dem Befehl Format Bereich bestellen.

Word zeigt Ihnen dann Ihren Text in einer (entsprechend schmalen) Spalte auf dem Bildschirm, setzt aber beim Drucken alle gewünschte Spalten nebeneinander.

Wenn Sie mit dem Befehl **Druck Umbruch_Seite** eine Seiteneinteilung zum Anschauen auf dem Bildschirm bestellt haben, zeigt Word Ihnen nur, wo tatsächlich eine neue Seite anfängt, nicht aber, wo eine neue Spalte anfängt. Das können Sie nur nach erfolgtem Ausdruck erkennen.

Word druckt alle von Ihnen bestellten Spalten innerhalb des Rahmens, der durch die vier Seitenränder vorgegeben ist, ab.

Spaltenzahl: Hier geben Sie an, wie viele Spalten Sie wünschen. Eine Beschränkung in der Anzahl gibt es nicht.

Spaltenabstand: Wenn Sie mehrere Spalten bestellt haben, müssen Sie hier den Abstand zwischen den einzelnen Spalten angeben.

Bereichswechsel: Wenn Sie mehrere Bereiche in Ihrem Text vereinbart haben, muß Word von Ihnen wissen, ab wann Ihr Bereichs-Formatwunsch gelten soll (zum Beispiel: den Seitenrand oben können Sie natürlich nicht mehr verändern, wenn das Blatt schon zur Hälfte bedruckt ist - er kann erst ab der nächsten Seite verändert werden). Also:

Fortlaufend: Ihre neuen Formatwünsche werden wenn möglich sofort, sonst ab der nächsten Seite ausgeführt

Spalte: Der Bereich beginnt mit der nächsten Spalte (bzw. Seite bei einspaltigem Text)

Seite: Der Bereich beginnt mit der nächsten Seite

Ungerade: Der Bereich beginnt auf einer Seite mit einer ungeraden Seitenzahl (rechte Seite)

Gerade: Der Bereich beginnt auf einer Seite mit einer geraden Seitenzahl (linke Seite)

In diesem Unterkapitel haben Sie gelernt, wie Sie Ihren Text gezielt auf ganz bestimmte Bereiche Ihres Papiers schicken können. Sie sind damit in der Lage, so strenge Formatforschriften (wie zum Beispiel für dieses Buch) "mit links" zu erfüllen. Und wenn Sie im Kapitel "**Formatwünsche dauerhaft vereinbaren**" aufgepaßt haben, können Sie solche Formate in Ihr (Muster-) Repertoire aufnehmen. Word und Ihr Personal Computer arbeiten dann auf Knopfdruck für Sie und versetzen Sie und Ihren (Eigen-) Verlag immer wieder in Erstaunen: Formatiert bis ins Feinste.

9.3 Texte mit Fußnoten

Wenn Sie Texte mit Fußnoten schreiben wollen, dann haben Sie mit Word genau das richtige Programm. Mit welcher Berechtigung wir das behaupten, werden Sie gleich sehen.

Eine Fußnote ist ein Textstück, das am Ende der Seite oder am Ende des Textes erscheint und sich auf eine bestimmte Stelle des Haupttextes bezieht. Sie besteht aus dem sogenannten Fußnotenzeichen (Referenzmarke), die an der entsprechenden Stelle des Haupttextes und am Anfang des Fußnotentextes steht und dem eigentlichen Fußnotentext.

Eine Fußnote machen Sie wie folgt:

- Setzen Sie die Schreibmarke an die Stelle, zu der die Fußnote gehört. Wenn Sie zum Beispiel in dem vorangegangenen Satz eine Fußnote hinter das Wort "Schreibmarke" setzen wollen, stellen Sie die Schreibmarke auf das Leerzeichen hinter diesem Wort.

- Geben Sie den Befehl

(Esc)
Format
Fußnote
Fußnotenzeichen: ...
(return)

- Die Anfrage von Word nach dem Fußnotenzeichen können Sie auf zwei verschiedene Weisen beantworten, je nachdem ob Sie automatische Fußnotennumerierung haben wollen oder nicht:

Automatische Fuβnotennumerierung

> Geben Sie in dem Befehlsfeld "Fuβnotenzeichen" gar nichts an (auch kein Leerzeichen!), indem Sie einfach nur die Return-Taste drücken. In diesem Fall bietet Ihnen Word den Vorzug der automatischen Fuβnotennumerierung, die auch bei späteren Änderungen immer selbständig auf den aktuellen Stand gebracht wird.

Wenn Sie keine automatischen Fuβnotennumerierung haben wollen:

> Geben Sie explizit ein Zeichen oder eine Zeichenfolge an, die als Fuβnotenzeichen dienen soll, etwa *, ** oder ***.

Nachdem Sie sich für eine der beiden genannten Möglichkeiten entschieden haben, fügt Word das betreffende Fuβnotenzeichen in den Text ein und springt in die eigentliche Fuβnote, wo ebenfalls gleich die Referenzmarke angebracht wird. Dort können Sie dann Ihren Fuβnotentext gleich (oder wenn's Ihnen lieber ist, auch später) eintragen.

Wenn Sie mit dem Eintrag des Fuβnotentextes fertig sind, oder (jetzt noch) gar keinen Text für die Fuβnote eingeben wollen, verwenden Sie am besten den Befehl

> **(Esc)**
> **Gehezu**
> **Fuβnote**
> **(Return)**

um wieder zu der Referenzmarke der Fuβnote im Text zu gelangen. (Die Funktion des recht nützlichen Befehls Gehezu ist im Word-Handbuch in ausgezeichneter Weise mit einem Schaubild erläutert. Schauen Sie doch gelegentlich mal dort nach.)

- Bewegen Sie, nachdem Sie von der Fuβnote in den Text zurückgekehrt sind, Ihre Schreibmarke dahin, wo Sie im Text weiterschreiben wollen.

Wenn Sie sich für die automatische Fuβnotennumerierung entschieden haben, was wir Ihnen - zumindest für den Regelfall - dringend empfehlen, stehen Ihnen im Einzelnen folgende Leistungen zur Verfügung:

- Automatische Anpassung der Numerierung beim Einfügen und Löschen von Fuβnoten
- Automatische Anpassung der Numerierung beim Kopieren bzw. Versetzen ganzer Textstücke
- Automatische Anpassung der Numerierung beim Zusammenführen von verschiedenen Texten (Dateien) mit dem Befehl ÜBERTRAGEN ZUSAMMENFÜHREN.

Das Fuβnotenfenster

Mit dem Befehl

(Esc)
Ausschnitt
Teilen
Fuβnote
Bei Zeile: *15*
(Return)

können Sie ein Fuβnotenfenster eröffnen.

Sie können auch einen anderen praktikablen Wert wählen. Wenn Sie die vertikalen Pfeiltasten benutzen, haben Sie eine optische Hilfe für die zweckmäβige Wahl.

Dasselbe Ergebnis bekommen Sie durch das Drücken des rechten Mausknopfes, wenn der Mauszeiger auf der rechten Kante des Bildschirmausschnittrahmens steht.

Dabei wird der Bildschirmausschnitt durch eine gestrichelte Linie in zwei Teilflächen geteilt. In der oberen Fläche wird der Text angezeigt, in der unteren die zu diesem Text gehörenden Fußnoten, so daß man, auch ohne den Befehl GEHEZU verwenden zu müssen auf einen Blick den Zusammenhang zwischen Text und Fußnoten vor Augen hat. Sofern Sie eine Maus haben, können Sie sich über die Grenze zwischen den beiden Teilflächen einfach hinwegbewegen.

Ansonsten können Sie sich zwischen den Teilflächen mit der Funktionstaste F1 hin- und herbewegen.

Texte mit Fußnoten drucken

Bei Texten mit Fußnoten können Sie wählen, ob die Fußnoten auf jeder Seite unten stehen sollen oder ob alle Fußnoten nach dem Ende des Textes hintereinanderweg erscheinen sollen. Dies beeinflussen Sie mit dem Befehl

(Esc)
  Format
    Bereich
      Layout
      Fußnoten: *(Selbe-Seite)* **Ende**
      ...
(Return)

Haben Sie hier "Selbe- Seite" gewählt, rechnet Word immer automatisch aus, wieviele Fußnoten beim Drucken noch auf die jeweilige Seite passen und macht im Text einen entsprechenden Seitenumbruch. Erinnern Sie sich, wie lange und mühsam Sie früher hieran gearbeitet haben?

Tips zu Fuβnoten

- Wenn Sie eine **ganze Fuβnote löschen** wollen, löschen Sie einfach das oben im Text befindliche Fuβnotenzeichen. Diese Referenzmarke, sowie der Inhalt der Fuβnote wandern in den Papierkorb, von wo sie mit dem Befehl Einfügen oder mit der Ins-Taste wieder geholt werden können.

  Innerhalb der Fuβnote selbst können Sie ganz normal löschen, einfügen, kopieren usw..

- Machen Sie in Ihr Muster ein Format für die Fuβnotenzeichen, etwa hochgestellt.

- und ein Format für die Fuβnote selbst. Hier bietet sich etwa eine Ausrückung der ersten Zeile an (so wie wir das in diesem Buch gemacht haben; vgl. zur Erläuterung unsere Druckformatvorlage zu diesem Buch im Anhang).

Alles klar?

Üben Sie ruhig mal kräftig los mit Fuβnoten. Wenn Ihnen nichts Besseres einfällt, nehmen Sie den altbekannten Jägertext her und machen Fuβnoten dran. Kopieren Sie ruhig auch mal Textteile mit Fuβnoten, fügen Sie Fuβnoten ein, löschen Sie Fuβnoten ... Sie werden begeistert sein.

9.4 Textbausteine

Textbausteine sind Papierkörbe mit Namen. Der Inhalt dieser Papierkörbe ist jedoch kein Abfall, sondern er ist zur Aufbewahrung bestimmt. Mit Textbausteinen können Sie Word also ganze Worte bzw. Textpassagen nennen, die es Ihnen künftig auf bloßen "Knopfdruck" zur Verfügung stellen soll.

Einen Textbaustein erstellen

Sie gehen nach folgendem Rezept vor:

- Zuerst müssen Sie das Textstück, das später Ihr Textbaustein werden soll, markieren. Zum Beispiel das Wort "Textbaustein" im vorigen Satz.
- Dann geben Sie den Befehl

(esc) **Kopie** **in:** *tb* **(return)**

oder den Befehl

(esc) **Löschen** **in:** *tb* **(return)**

Ihr Textbaustein würde in diesem Beispiel den Namen "tb" erhalten und hätte den Inhalt "Textbaustein".

Selbstverständlich müssen Sie verschiedenen Textbausteinen auch verschiedene Namen geben, damit Sie und Word die Bausteine unterscheiden können. Wenn Sie verschiedenen Textbausteinen denselben Namen geben, ist unter dem betreffenden Namen nur noch der Inhalt zu finden, den Sie zuletzt mit Word vereinbart hatten.

Damit haben Sie auch gleichzeitig gelernt, wie Sie bereits vorhandene **Textbausteine nachträglich verändern** können: Sie kopieren einfach den neuen Inhalt des Textbausteines auf seinen alten Namen.

Textbausteine verwenden.

Hierzu gibt es zwei prinzipielle Möglichkeiten, für die Sie sich entscheiden können, je nachdem was Ihnen bequemer erscheint:

1.Weg:

- Stellen Sie Ihre Schreibmarke an die Stelle, vor die der Textbaustein eingefügt werden soll.
- Geben Sie den Befehl

> **(esc)**
> **Einfügen**
> **aus:** *tb (bzw. anderer Name)*
> **(return)**

Diese Möglichkeit hat den Vorzug, daβ Sie sich mit den Pfeiltasten eine Liste aller vorhandenen Namen für Textbausteine geben lassen können, Sie brauchen sich also nicht alle zu merken.

Wollen Sie jedoch Textbausteine verwenden, die Sie häufig brauchen und deren Namen Sie demzufolge ganz genau kennen, können Sie auch im **Schnellverfahren** vorgehen:

2.Weg:

- Schreibmarke an die Stelle bewegen, vor die der Textbaustein eingefügt werden soll.

- Den Namen des Textbausteines eintippen und zwar einfach in Ihren Text hinein.

- Die Taste

betätigen.

Beachten Sie, daß bei diesem Schnellverfahren vor dem Bausteinnamen ein Leerzeichen stehen muß, sonst kann Word Ihren Baustein nicht finden.

Sie sehen, das Arbeiten mit Textbausteinen ist sehr komfortabel und bringt bei sinnvoller Nutzung einen nahezu unermeßlichen Zeitvorteil. Wichtig ist jedoch, daß Sie sich gut überlegen, wie Sie den jeweiligen Textbaustein gestalten, so daß er nachher auch ohne viel Zusatzarbeit benutzt werden kann. Mit der Zeit werden Sie ein Gefühl dafür bekommen. Um Ihnen den Einstieg zu erleichtern, noch einige Tips.

Tips zu Textbausteinen:

- Achten Sie ganz besonders darauf, daß keine Schreibfehler (oder andere Schwächen) in Ihren Textbausteinen vorhanden sind. Sie ärgern sich sonst, wenn später laufend derselbe Fehler vorkommt.

- Setzen Sie in den Texten, die Sie als Textbausteine verwenden wollen, möglichst viele Trennfugen. (Näheres hierzu finden Sie in Kapitel 5.7). Sie wissen ja jetzt noch nicht, wo der Textbaustein später eingefügt werden wird, wo also Trennungen notwendig sein werden. Gehen Sie beim Anbringen der Trennfugen sorgfältig vor, damit Sie nicht versehentlich normale Bindestriche verwenden oder an grammatikalisch unzulässigen Stellen trennen.

- Achten Sie - besonders am Anfang oder wenn Sie einen Text zu einem neuen Thema bearbeiten - darauf, welche Textteile sich als Textbausteine eignen, und machen Sie häufig Gebrauch von Textbausteinen. Geben Sie dabei nicht zu schnell auf, Sie müssen beim Verwenden und Gestalten von Textbausteinen zwar viel denken, aber im Endeffekt sparen Sie normalerweise viel Zeit. Nicht zuletzt haben Sie auch den Vorteil, daß Sie das, was Sie aus einem Textbaustein eingefügt haben, nicht mehr auf Tippfehler durchzusehen brauchen.

- Geben Sie häufig wiederkehrenden Textbausteinen kurze Namen, damit Sie möglichst viel mit dem Schnellverfahren (F3-Taste) arbeiten können. Bei selteneren Textbausteinen sollten Sie dagegen einprägsame, wenn nötig auch etwas längere Namen verwenden, damit Sie immer wissen, welcher Inhalt hinter dem Namen des Bausteins steckt.

Wenn Sie diese Tips beherzigen, werden Sie viel Freude mit Textbausteinen haben.

In Word sind einige Textbausteine fest eingebaut. Im einzelnen sind dies folgende mit der jeweils angegebenen Bedeutung:

Seite - enthält die jeweilige Seitenzahl

Fußnote - enhält die jeweilige Fußnotennummer

Datum - enhält das vom Computer gespeicherte Tagesdatum

Druckdatum - bewirkt, daß beim Drucken des Textes an dieser Stelle das vom Computer gespeicherte Tagesdatum ausgedruckt wird

Zeit - enhält die vom Computer gespeicherte Tageszeit

Druckzeit - bewirkt, daß beim Drucken des Textes an dieser Stelle die vom Computer gespeicherte Tageszeit ausgedruckt wird

Textbausteine speichern.

Natürlich sind Textbausteine schon sehr nützlich, wenn man sie nur für die Dauer einer Word-Sitzung verwendet. Häufig werden Sie gar nicht daran interessiert sein, sie für länger aufzubewahren, etwa wenn sie in einem zu spezifischen Zusammenhang mit dem jeweils bearbeiteten Text stehen, oder Sie sich die vielen Bausteinnamen gar nicht merken können.

Selbstverständlich kann man mit Word aber auch Textbausteine speichern, nämlich als Dateien auf, ebenso wie die Texte selbst. Damit haben Sie etwa die Möglichkeit, universelle Textbausteine zu erstellen, die Sie immer wieder für alle möglichen Texte verwenden können. Oder Sie können zu jedem umfangreichen Text themenspezifische Textbausteine erstellen.

Textbausteine speichern Sie mit dem Befehl

(esc)
Übertragen
Textbausteine
Speichern
Dateiname: *STANDARD.TBS*
(return)

Word schlägt Ihnen den Namen STANDARD.TBS vor. Sie können aber auch jeden anderen zulässigen Dateinamen verwenden, insbesondere auch den Namen Ihrer Textdatei. Word kann den eigentlichen Text von den Textbausteinen unterscheiden. (Textdateien haben den Zusatz .TXT, während Textbausteindateien den Zusatz .TBS haben.)

Wenn Sie ihre gespeicherten Textbausteine bei einer späteren Word-Sitzung wieder zur Verfügung haben wollen, so geht das mit dem Befehl

(esc)
Übertragen
Textbausteine
Zusammenführen
Dateiname: ...
(return)

Sie können auch mehrere Textbausteindateien gleichzeitig in demselben Text verwenden, so zum Beispiel einen universellen und einen oder mehrere themenspezifische. In diesem Fall müssen Sie aber in verstärktem Maβe an die sinnvolle Verwaltung Ihrer Textbausteine denken.

Textbausteine verwalten

Sie müssen nämlich beachten, daβ Word die Textbausteine gewissermaβen miteinander vermischt (das sehen Sie, wenn Sie sich mit dem Befehl Einfügen und den Richtungstasten die vorhandenen Textbausteine zeigen lassen). Wenn Sie also Ihre Textbausteine während einer Sitzung verändert haben und speichern wollen, müssen Sie zuerst die überflüssigen bzw. fremden (d.h. nicht in eine bestimmte Textbausteindatei gehörenden) Textbausteine entfernen.

Hierzu bietet Ihnen Word den Befehl

(esc)
Übertragen
Textbausteine
Löschen
Name: ...
(return)

So, nun gehts los:

In Zukunft keinen Text mehr ohne Textbausteine!

9.5 Tabulatoren

Die Tabulatoren, die Sie von Ihrer Schreibmaschine kennen, können Sie getrost vergessen, Word bietet Ihnen wesentlich Besseres.

Tabulatoren setzen

Eine Tabulatorposition setzen Sie mit dem Befehl

(esc)
Format
Tabulator
Setzen
Position: ...
Ausrichtung: ...
Füllzeichen: ...
(return)

Die Tabulatorposition können Sie in allen Maßeinheiten, die Word kennt (cm, in, p10, p12 und pt), angeben. Dabei werden Sie unterstützt durch das am oberen Bildschirmrand erscheinende Zeilenlineal, das in Zoll eingeteilt ist. Dort können Sie durch Drücken der Pfeiltasten die Position Ihrer Schreibmarke ablesen und auch ändern.

Wenn Sie eine Maus haben, setzen Sie Tabulatoren, indem Sie den Mauszeiger auf das Zeilenlineal bringen und dort, wo der Tabulator hin soll, den linken Knopf drücken.

Im Befehlsfeld **Ausschließung** können Sie anordnen, ob der Text (bezogen auf die Tabulatorposition) links-, rechtsbündig, zentriert oder dezimal erscheinen soll. Wählen Sie als Ausschließung "Dezimal", dann werden Zahlen so plaziert, daß die Dezimalkommata jeweils untereinander stehen.

Im Befehlsfeld **Füllzeichen** können Sie sagen, ob und gegebenenfalls mit welchen Zeichen die Lücke, die bei Verwendung des Tabulators entsteht, gefüllt werden soll.

Beim Setzen von Tabulatoren beachten Sie bitte:

> Tabulatoren beziehen sich immer nur auf den betreffenden Absatz im Text.

Das hat zwar den Vorteil, daß Sie ganz individuell für jeden Absatz Ihre Tabulatoren setzen können, Sie sollten aber folgendes beachten.

> Wenn Sie in Ihrem Text häufig dieselben Tabulatorpositionen benötigen, sollten Sie **unbedingt** mit dem Befehl Muster (vgl. oben Kapitel 7) Absätze mit entsprechenden Tabulatorpositionen festlegen.

Beim Eintippen von Text, Tabellen usw. verwenden Sie Tabulatoren mittels der Taste

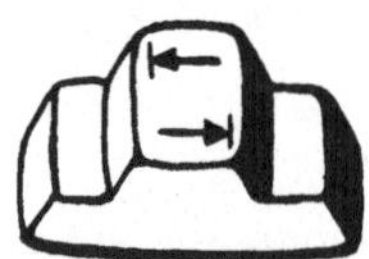

Tabulatoren verschieben

Wenn Sie eine Maus haben, stellen Sie den Mauszeiger im Zeilenlineal am oberen Bildschirmrand auf die Position, auf der der zu verschiebende Tabulator steht, drücken den rechten Knopf, halten ihn fest und verschieben den Mauszeiger auf die gewünschte neue Position. Wenn Sie dort angelangt sind, lassen Sie den Mausknopf los. Fertig: Die betreffende Tabulatorposition ist unter Beibehaltung der sonstigen Merkmale des Tabulators (Ausschließung, Füllzeichen) verschoben.

Natürlich können Sie auch

Tabulatoren löschen.

Das geht mit dem Befehl

(esc)
Format
Tabulator
Löschen
Position: ...
(return)

Machen Sie ruhig großzügigen Gebrauch von Tabulatoren, sie werden Ihnen die Arbeit sehr erleichtern. Texte mit Tabulatoren brauchen zum Beispiel auf der Diskette weniger Speicherplatz als entsprechende Texte mit vielen Leerzeichen.

9.6 Textspalten: für Tabellen und zum Rechnen

Microsoft Word bietet Ihnen auch ein wenig Tabellenkalkulation an. Natürlich können Sie hier nicht so ausgefuchste Sachen machen wie etwa mit Multiplan oder anderen professionellen Tabellenkalkulationsprogrammen. Die spaltenweise Bearbeitungsmöglichkeit von Tabellen bietet jedoch gute Möglichkeiten zum Gestalten fertiger Tabellen an. Und zusammen mit der Rechenfunktion können viele Anwendungen aus der Praxis einfach erfüllt werden.

Speiseplan für die nächste Woche

Delikatesse	Fundort	Menge
Schweizer Käse	**Speisekammer**	1 Häppchen
holl. Gouda	**Hängeschrank**	1/2 Scheibe
Haferflocken	**Regal**	10 Gramm
Nüsse	**Schublade 2**	3 Stück
eingel. Kirschen	**Kühlschrank**	1 Stück
Schokolade	**Schublade 1**	8 Krümel

Die Funktion **Spaltenmarkierung** ist Voraussetzung für das Bearbeiten einer Textspalte. Den in einer Textspalte (oder Tabellenspalte) markierten Text können Sie mit verschiedenen Funktionen bearbeiten:

Formatieren: Sie können den Text mit einem Formatwunsch (Muster) oder von Hand formatieren.

Bearbeiten: Löschen, kopieren, verschieben, einfügen. Damit können Sie Tabellen komfortabel umstellen!

Rechenfunktion: Die Rechenfunktion berechnet aus allen Zahlen und arithmetischen Operatoren (der vier Grundrechenarten) das korrekte Ergebnis.

Sortieren: Die Funktion Sortieren erlaubt das Sortieren des Inhalts der markierten Spalte oder der ganzen Tabelle.

Die Spaltenmarkierung

Eine Spaltenmarkierung ist in der Regel nur bei Tabellen sinnvoll; dann nämlich können Sie mit dieser Funktion eine einzelne Spalte aus Ihrer ganzen Tabelle gezielt markieren, um sie zu bearbeiten.

Natürlich können Sie auch eine Spalte in Ihrem Fließtext markieren, um den Text anhand der markierten Spalte beispielsweise zu sortieren, aber das ist in der Regel wenig sinnvoll.

So markieren Sie eine Spalte:

- Stellen Sie die Schreibmarke auf das linke obere Zeichen der gewünschten Spalte.
- Schalten Sie die **Spaltenmarkierung** mit *(Shift)(F6)* ein. Beachten Sie nun "SM" in der Statuszeile
- Bewegen Sie die Schreibmarke mit den *(Pfeiltasten)* oder der Mouse zur rechten unteren Ecke der gewünschten Spalte

Und siehe da - die Spalte ist markiert! Natürlich dürfen Sie auch von jeder anderen Ecke der gewünschten Spalte aus beginnen und die Spaltenmarkierung einschalten! Bei Tabellen, bei denen der rechte Rand gerade verläuft und der linke Rand (bei großen Zahlen) flattert, kann das sogar oft sinnvoll sein.

Artikel	Preis	Stück/Packung
Gummibärle	2,45	400
Salzstangen	1,88	250
Guetsle	3,25	50
Hueschteguetsle	12,55	1000
Chiesichüechli	15,00	5
Alpechrüter	4,50	100

Das Umstellen der markierten Spalte

Löschen Sie die markierte Spalte nun in den Papierkorb (oder in einen Textbaustein), stellen die Schreibmarke an die gewünschte Einfügestelle, und fügen Sie die Spalte dort mit dem Befehl **Einfügen** oder der Taste *(Insert)* (am IBM PC/AT:*(Einfg)*) wieder ein! Nehmen Sie dabei keine Rücksicht auf ein bestehendes Zeilen- oder Absatzende, Word korrigiert die Stellung dieser Zeichen automatisch!!!

Artikel	Stück/Packung	Preis
Gummibärle	400	2,45
Salzstangen	250	1,88
Guetsle	50	3,25
Hueschteguetsle	1000	12,55
Chiesichüechli	5	15,00
Alpechrüter	100	4,50

Sie sehen, wie einfach das ist! Wichtig ist nur die sorgfältige Auswahl der Ecken der Spalten. Wir haben in unserem kleinen Beispiel zum Glück genügend Platz **vor** der Spalte mitgenommen, damit die beiden Spalten "Stück/Packung" und "Preis" nicht zu eng aufeinandersitzen. Sonst hätten wir die Spalten nachträglich noch auseinanderrücken müssen.

Leere Spalte nachträglich einfügen

Die besten Möglichkeiten haben Sie allerdings, wenn Sie Ihre Tabellen **ausschließlich mit Tabulator** formatiert haben, und das am besten in einem eigenen **Tabellen-Absatz im Muster!** Dann können Sie sogar eine ganze leere Spalte nachträglich einfügen, indem Sie

- nach der gewünschten Einfügestelle eine ganze Spalte mit mindestens einem Zeichen Breite markieren

- die *(Tabulator)* -Taste drücken.

Nun steht Ihnen eine weitere Spalte mitten in Ihrer Tabelle zur Verfügung.

Beispiel: Markieren Sie die Spalte **nach** der Einfügestelle. Stellen Sie die Schreibmarke dazu wieder an dei entsprechende Stelle der ersten Zeile, drücken *(shift)(F6)* und bewegen die Schreibmarke mit den *(Pfeiltasten)* oder der Maus in die letzte Zeile der Tabelle.

Artikel	Stück/Packung	Preis
Gummibärle	400	2,45
Salzstangen	250	1,88
Guetsle	50	3,25
Hueschteguetsle	1000	12,55
Chiesichüechli	5	15,00
Alpechrüter	100	4,50

Drücken Sie dann auf die *(Tabulator)* -Taste, um **vor** der markierten Spalte einen neuen Tabulator für die ganze Tabelle einzufügen. Sie sehen nun die neue Spalte:

Artikel		Stück/Packung	Preis
Gummibärle		400	2,45
Salzstangen		250	1,88
Guetsle		50	3,25
Hueschteguetsle		1000	12,55
Chiesichüechli		5	15,00
Alpechrüter		100	4,50

Nun füllen Sie diese neue Spalte mit Text aus, und fertig ist der Tabelleninhalt!

Artikel	Geschmack	Stück/Packung	Preis
Gummibärle	süß	400	2,45
Salzstangen	salzig	250	1,88
Guetsle	arg süß	50	3,25
Hueschteguetsle	guet	1000	12,55
Chiesichüechli	lecker	5	15,00
Alpechrüter	bitter	100	4,50

Sortieren des Tabelleninhalts

Nun müssen wir die Tabelle noch nach den Namen der Artikel sortieren, damit wir sie leichter lesen können. Nichts leichter als das, wir müssen ja nur die interessierende Spalte markieren und die **Sortierfunktion** von Word anwerfen. Erstmal markieren wir die erste Spalte ab dem "Gummibärle":

Artikel	Geschmack	Stück/Packung	Preis
Gummibärle	süeß	400	2,45
Salzstangen	salzig	250	1,88
Guetsle	arg süeß	50	3,25
Hueschteguetsle	guet	1000	12,55
Chiesichüechli	lecker	5	15,00
Alpechrüter	bitter	100	4,50

Dann wird sortiert:

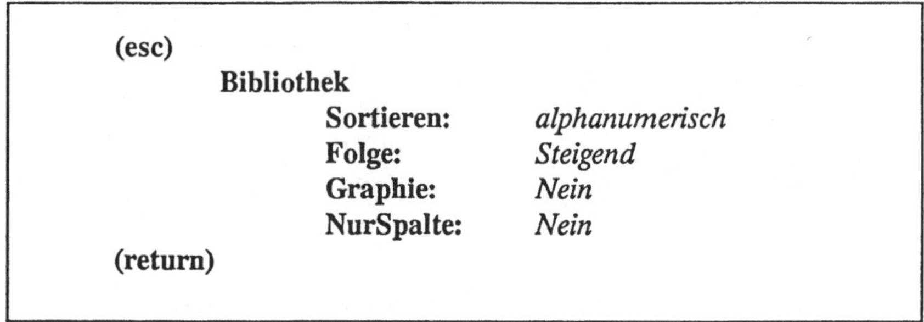

(esc)
Bibliothek
Sortieren: *alphanumerisch*
Folge: *Steigend*
Graphie: *Nein*
NurSpalte: *Nein*
(return)

Und so sieht die sortierte Tabelle aus:

Artikel	Geschmack	Stück/Packung	Preis
Alpechrüter	bitter	100	4,50
Chiesichüechli	lecker	5	15,00
Guetsle	arg süeß	50	3,25
Gummibärle	süeß	400	2,45
Hueschteguetsle	guet	1000	12,55
Salzstangen	salzig	250	1,88

Hätten wir bei "NurSpalte" ein "Ja" vergeben, hätte Word nur die Einträge der markierten Spalte sortiert. Versuchen Sie das auch einmal, betrachten Sie die beiden Tabellen danach wie Suchbilder und finden Sie die Unterschiede heraus.

Rechnen im Text

Natürlich ist unsere Tabelle noch lange nicht fertig! Es fehlen ja noch die Summenzeilen! Also müssen wir zuerst einmal einen Strich unter die Tabelle ziehen, dann die zu berechnende Spalte markieren, die Summenbildung bei Word bestellen, das Ergebnis der Berechnung in die Summenzeile schreiben!

> Die **Rechenfunktion** berechnet aus allen Zahlen in dem markierten Bereich gemäß einem vorangehenden **Rechenoperator** (+, -, *, /, keiner= +) und stellt das Ergebnis im Papierkorb zur Verfügung. Die Rechenfunktion wird ausgelöst mit der Taste *(F2)*.

Wollen Sie also Berechnungen in Ihrem Text durchführen, ist es immer sinnvoll, die Zahlen tabellarisch zu erfassen. Das erleichtert Ihnen die Markier-Funktion und hilft Word, Fehler zu vermeiden.

Markieren wir die erste zu berechnende Spalte:

Artikel	Geschmack	Stück/Packung	Preis
Alpechrüter	süeß	400	2,45
Chiesichüechli	salzig	250	1,88
Guetsle	arg süeß	50	3,25
Gummibärle	guet	1000	12,55
Hueschteguetsle	lecker	5	15,00
Salzstangen	bitter	100	4,50
Summe			

Drücken Sie nun die Taste *(F2)*, und Sie sehen im Papierkorb das Ergebnis dieser Berechnung. Da keinerlei Rechenoperatoren in der Spalte vorhanden sind, hat Word alle Zahlen zusammengezählt.

Stellen Sie die Schreibmarke nun in die Summenzeile in die Spalte , wo die Summe erscheinen soll; nach Drücken der Taste *(INS)* (am IBM PC/AT: *(Einfg)*) erscheint dort jetzt die Summe:

Artikel	Geschmack	Stück/Packung	Preis
Alpechrüter	süeß	400	2,45
Chiesichüechli	salzig	250	1,88
Guetsle	arg süeß	50	3,25
Gummibärle	guet	1000	12,55
Hueschteguetsle	lecker	5	15,00
Salzstangen	bitter	100	4,50
Summe			39,63

Berechnen Sie nun auch die Summenzeile der anderen numerischen Spalte! Markieren Sie auch einmal einen anderen Absatz und bestellen die Rechenfunktion!

Geben Sie Rechenoperatoren ein und rechnen schwierige Dinge aus! Berechnen Sie auch einmal Zahlen, die mitten im Text verstreut auftreten! Beobachten Sie, daß Word dann auch Zeichen als Rechenoperatoren erkennt, die Sie als Textzeichen verwendet haben!

9.7 Fensterln: Texte montieren mit Word

Mit Word können Sie bis zu acht sogenannte Ausschnitte bzw. Fenster aufmachen. Der Ausdruck Fenster (englisch: window), den auch die englischen Word-Versionen verwenden, scheint uns passender.

In jedes dieser Fenster können Sie einen anderen Text laden und jeden dieser Texte getrennt behandeln, so als ob Sie mehrere Personal Computer nebeneinander oder übereinander stehen hätten. Aber dennoch können Sie Textstücke über die Fenstergrenzen hinweg kopieren, so als ob Sie doch nur einen einzelnen Text bearbeiten würden.

Das sieht zunächst wie eine Spielerei aus. Abgesehen davon, daß das nach unserem "Word-Spiel-Konzept" gar nichts ausmachen würde, handelt es sich dabei trotzdem um eine höchst nützliche Sache. Sie können Ihre alten Texte als Schrottplatz, Steinbruch (oder wenn Ihnen das lieber ist, als Materiallager) benutzen und die Teile, die sie für neue Texte brauchen, dort herausholen und zusammenbauen. Toll, was!

Öffnen eines Fensters

bewerkstelligen Sie mit dem Befehl

(esc)
Ausschnitt
Teilen:
Waagrecht (bzw. Senkrecht)
Bei Zeile: ...
bzw. Bei Spalte: ...
(return)

Die Angabe der Spalte bzw. Zeile können Sie - ähnlich wie beim Setzen von Tabulatoren - mit den Richtungstasten ausloten. Am besten probieren Sie's einfach aus.

Mit der Maus haben Sie mal wieder einen riesigen Zeitvorteil: Sie stellen den Mauszeiger auf die obere, bzw. rechte Rahmenkante: Genau dahin, wo das Fenster aufgemacht werden soll, und drücken auf den linken Knopf, schon ist das Fenster da.

Wenn Sie in einem bereits geteilten Fenster nochmals ein Fenster aufmachen wollen, geht das ganz entsprechend.

Mit Fenstern umgehen

Die Fenster haben alle eine Nummer, die an der jeweiligen oberen linken Ecke des Fensters angezeigt wird. Die Nummer desjenigen Fensters, in dem Sie gerade arbeiten, ist dabei hell unterlegt, d.h. das Fenster ist augenblicklich aktiv.

Von einem Fenster zum nächsten kommen Sie mit der Funktionstaste *F1* bzw. mit der Maus, ohne weiteres nach dem Motto "hinfahren und drücken".

Wenn's zieht (oder auch sonst), können Sie ein Fenster wieder schließen mit dem Befehl

(esc)
Ausschnitt
Löschen
Ausschnitt Nr.: ...
(return)

Passen Sie aber auf: Word schlägt Ihnen immer das Fenster vor, in dem Sie zuletzt gearbeitet haben! Häufig ist das gar nicht das Fenster, das Sie schließen wollen.

Wenn Sie Ihren Text bzw. die vorgenommenen Änderungen nicht verlieren möchten, müssen Sie den Text vor dem Schließen des Fensters speichern. Hierzu setzen Sie Ihre Schreibmarke in dasjenige Fenster, dessen Text Sie speichern möchten (damit dieses Fenster aktiv ist), und geben den altbekannten Befehl

(esc)
Übertragen
Speichern
...
(return)

Wenn Sie einen **Farbgrafikbildschirm** haben, können Sie mit dem Befehl

(esc)
Ausschnitt
Optionen
Hintergrundfarbe: ...
(return)

die einzelnen Fenster noch deutlicher voneinander trennen, indem Sie jedem Fenster eine andere Farbe zuordnen.

Texte montieren

- Überlegen Sie sich, wie viele verschiedene Texte Sie unbedingt gleichzeitig auf dem Bildschirm brauchen. Nur in den seltensten Fällen werden das mehr als zwei sein.

- Machen Sie nicht mehr Fenster auf als unbedingt nötig, Sie könnten sonst allzuleicht den Überblick verlieren.

- Teilen Sie die Anordnung der Fenster auf dem Bildschirm so ein, daß Sie die Texte, aus denen Sie Teile herauskopieren wollen, möglichst gut lesen können. Das heißt, die Fenster für diese Texte sollten Sie möglichst groß machen. Das Fenster, in das Sie hineinkopieren wollen, können Sie (zunächst) auch ganz klitzeklein machen.

- Kopieren Sie zuerst alle Teile zusammen, die Sie für Ihren neuen Text brauchen, schließen Sie die übrigen Fenster und beginnen erst dann mit der Feinbearbeitung des Textes.

Die Möglichkeit, mit mehreren Textfenstern zu arbeiten, macht Word so ungeheuer flexibel, daß es schwierig ist, Ihnen irgendwelche weiteren Tips zu geben, wie Sie am besten "fensterln". Probieren Sie's einfach aus, es wird Ihnen schon Spaß machen. Beim Montieren von Texten müssen Sie natürlich mehr nachdenken als beim bloßen Tippen, aber das sind Sie bei Word ja mittlerweile schon gewöhnt.

9.7 Gleichbleibende Kopf-/Fußzeilen

Sie können mit Word für jeden Textbereich (Bereich im Sinne des Befehls FORMAT BEREICH) sogenannte Kopfzeilen und/oder Fußzeilen vereinbaren, die dann beim Drucken in unveränderter Form auf jeder Seite Ihres Textes erscheinen, zum Beispiel als Kapitel- und/oder Abschnittsbezeichnung.

Wenn Sie Kopf-/Fußzeilen erstellen wollen, gehen Sie wie folgt vor:

- Stellen Sie Ihre Schreibmarke in den Bereich, dem Sie die betreffende Kopf-/Fußzeile zuordnen wollen, am besten ganz an den Anfang dieses Bereichs.

- Tippen Sie den Text, der in der Kopf- bzw. Fußzeile erscheinen soll, als selbständigen Absatz ein.

- Stellen Sie die Schreibmarke in diesen Absatz hinein und geben Sie den Befehl

(esc)
    Format
        Kopf-/Fußzeile
            Position: Oben Unten
            Ungerade Seiten: Ja Nein
            Gerade Seiten: Ja Nein
            Erste Seite: Ja Nein
(return)

Hier können Sie durch entsprechende Eingaben die Position der Kopf- bzw. Fußzeile bestimmen und Word sagen, ob die Kopf-/Fußzeile auch schon auf der ersten Seite des gedruckten Textes erscheinen soll.

Entsprechend den Kombinationsmöglichkeiten können Sie jeden Bereich bis zu vier verschiedene Kopf-/Fußzeilen zuordnen, nämlich:

- Oben, ungerade Seiten (etwa Kapitelbezeichnung).
- Oben, gerade Seiten (etwa Abschnittsbezeichnung).
- Unten, ungerade Seiten (etwa Name des Autors).
- Unten, gerade Seiten (was Ihnen sonst noch so einfällt).

Die Feineinstellung der Position Ihrer Kopf-/Fußzeilen machen Sie mit dem Befehl

```
(esc)
        Format
                Bereich
                        Seitenrand
                        ...
                        Abstand Kopfzeile von oben: ...
                        Abstand Fußzeile von unten: ...
```

In die Kopf-/Fußzeilen können Sie auch die Seitennumerierung aufnehmen.

Seitennumerierung einbetten.

Hierzu stellen Sie Ihre Schreibmarke an die Stelle des Textes Ihrer Kopf- bzw. Fußzeile, vor der beim Drucken die Seitenzahl erscheinen soll. Dort fügen Sie den (immer automatisch vorhandenen) Textbaustein "Seite" ein, der die jeweils aktuelle Seitenzahl für die zu druckende Seite enthält. Das machen Sie entweder mit dem Befehl

```
(esc)
        Einfügen
                aus: Seite
(Return)
```

oder indem Sie einfach das Wort "*Seite*" in den Text eintippen und dann die F3-Taste drücken.

Beispielsweise haben wir in diesem Buch die Seitenzahlen in die Kopfzeilen eingebettet, weil wir vor und hinter der Zahl einen Bindestrich haben wollten. Die Bindestriche sind also gewissermaßen der Text unserer Kopfzeilen.

Wenn die erste Seite, die Sie drucken wollen, nicht die Zahl 1 haben soll, dann beeinflussen Sie dies mit dem Befehl

(esc)
Format
Bereich
Paginierung
...
Pagina: Fortlaufend *(Beginn)*
Bei: *56*
...

9.9 Die Rechtschreibhilfe

Das hat noch gefehlt, denken Sie nun! Endlich kann ich mich ganz auf den Inhalt meines Textes konzentrieren, Form und Rechtschreibung übernimmt das Programm! Doch halt, ganz so einfach ist es auch wieder nicht, da gibt es noch ein paar große St, bevor Sie Ihren Text durch den elektronischen Duden scheuchen können:

Notwendige Voraussetzungen

- Ihr Personal Computer muß mit dem Betriebssystem (PC DOS oder MSDOS 3.1 oder höher ausgerüstet sein - sonst läuft das Rechtschreibprogramm gar nicht.

- Wenn Ihr Personal Computer nicht über eine Festplatte verfügt. müssen Sie bei einem Disc-Jockey in die Lehre gehen: Word-Programmdiskette, Word Rechtschreibung-Disketten Nummer eins und zwei wollen wechselnd im Laufwerk "A:" liegen!

- Wenn Ihr Personal Computer nicht der neueren PC/AT-Klasse angehört, also ein "normaler" PC oder PC/XT ist, müssen Sie ganz schön Geduld mitbringen, bis Ihr Text korrigiert ist!

Das sind schon massive Einschränkungen, wenn man da an andere, schnellere Programme auf dem PC-Markt denkt! Und bis das Wörterbuch Ihren Sprachschatz kennengelernt hat, vergeht auch noch eine ganze Zeit des mühsamen Beibringens.

Aber wenn die Rechtschreibhilfe auf der Festplatte eines schnellen PC's eingerichtet und das Wörterbuch gefüllt ist, macht's erst so richtig Spaß und bringt Nutzen: das eigenständige Rechtschreibprogramm wird direkt aus Word gestartet und ist auch genauso zu bedienen.

Die Installation

Haben Sie einen Personal Computer mit Festplatte zur Verfügung, kopieren Sie bitte alle Dateien der Disketten **Rechtschreibungsprogramm** und **Rechtschreibungswörterbuch** in das Verzeichnis, in dem Ihr Word-Programm liegt (das sollte das Verzeichnis C:\WORD sein).

Legen Sie dazu die jeweilige Diskette in das Laufwerk "A" Ihres Computers und geben folgenden DOS-Befehl:

C:\WORD>*copy a:*.* c: (return)*

Verfügt Ihr Rechner dagegen nur über zwei Diskettenlaufwerke, lassen Sie sich von WORD leiten: das Programm fordert Sie immer bei Bedarf zum anstehenden Diskettenwechsel auf.

In jedem Falle

müssen Sie Word mitteilen, wo sich das Rechtschreibprogramm befindet! Also etwa für die Festplattenversion:

(esc)
Zusätze
Rechtschreibung:_C:\WORD_
(return)

Ihre Wörterbücher

Microsoft Word stellt Ihnen drei Typen von Wörterbüchern zur Verfügung. Sie können von jedem Wörterbuch-Typ einen verwenden. Die Wörterbücher werden in der hier angegebenen Reihenfolge durchsucht.

Das Hauptwörterbuch wird von Microsoft mitgeliefert und enthält bereits viele Wörter, die sehr häufig vorkommen. Sie können es mit weiteren Wörtern ergänzen, die in Ihren Texten häufig vorkommen, sollten es jedoch nicht mit "seltenen" Wörtern überfüllen.

Microsoft Word kennt nur ein Hauptwörterbuch

Das Textwörterbuch ist ein ganz spezielles Wörterbuch, denn es gehört nur zu Ihrem gerade geladenen Text. Auf Ihrer Festplatte oder Diskette finden Sie daher auch eine Datei mit dem gleichen Dateinamen wie Ihr Text und der Zusatzbezeichnung **.CMP**, wenn Sie ein solches Wörterbuch angelegt haben.

Verwenden Sie ein Textwörterbuch nur dann, wenn Sie einen einzigen Text mit ganz absonderlich komischen Wörtern angelegt haben. Zum Beispiel, wenn Sie einen einzigen Schwäbischen Text unter lauter bayrischen haben, gehören alle bayrischen Wörter in das Hauptwörterbuch und die schwäbischen in das Textwörterbuch zu diesem Text.

Sie können zu jedem Text ein eigenes Textwörterbuch anlegen.

Das Benutzerwörterbuch soll später einmal besondere Wörter enthalten, die in mehreren Texten vorkommen, aber nicht so häufig, daß Sie sie in das Hauptwörterbuch aufnehmen sollten.

In das Benutzerwörterbuch sollen also etwa fachspezifische Wörter oder themenbezogene Wörter aufgenommen werden.

Sie können beliebig viele Benutzerwörterbücher anlegen.

Nun aber los!

Geben Sie bitte zuerst Ihren Text vollständig ein. Die Rechtschreibhilfe von Word überprüft Ihren Text nicht schon während der Eingabe auf richtige Schreibweise (und behindert Sie womöglich damit noch beim Tippen), sondern erst auf Ihren ganz besonderen Wunsch.

Dann erst starten Sie die Rechtschreibhilfe. Die Position Ihrer Schreibmarke spielt zur Rechtschreibhilfe keine Rolle: Word prüft immer Ihren gesamten "geladenen" Text. Starten Sie die Rechtschreibhilfe nun mit dem Befehl:

(esc)
Bibliothek
Rechtschreibung
(return)

Nach der Meldung **Ich erstelle eine Arbeitsdatei** sehen Sie dann folgenden Bildschirm vor sich:

```
BEFEHL: Wörterbuch Hilfe Nachschlagen Optionen Prüfen Quitt
Wählen Sie bitte eine Option oder geben Sie deren Anfangsbuchstaben ein!
```

Sie haben nun die Auswahl:

Wörterbuch läßt Sie eines Ihrer **Benutzerwörterbücher** auswählen (natürlich auch wieder mit den Pfeiltasten oder der Maus), wenn Sie bereits eines oder mehrere angelegt haben.

Wollen Sie in diesem Lauf ein neues Benutzerwörterbuch verwenden, müssen Sie es jetzt anlegen! Word erstellt Ihnen ansonsten eines mit dem Namen SPECIALS.CMP!

Hilfe bietet Ihnen ein klein wenig Hilfe an

Nachschlagen erspart Ihnen den Weg zum Schrank, wo Sie Ihren Duden versteckt haben! Mit dieser Option werden Sie solche Worte wie *bumsen* und *Krieg* im Hauptwörterbuch finden, solche wie *Duden, bayrische, Benutzerwörterbuch* und *Word* jedoch nicht. Machen Sie einmal ein paar Wetten!

Optionen läßt Sie einstellen: Wollen Sie genaue Rechtschreibprüfung oder eine schnellere erst ab dem zweiten Zeichen jedes Wortes?
Sollen groß geschriebene Wörter ignoriert werden?
Wählen Sie das Zeichen, mit dem Sie (eventuell) falsch geschriebene Wörter markieren wollen.

Prüfen ist nun die Hauptarbeit der Rechtschreibhilfe! Damit wird Ihr Text nun durch die Mangel gedreht!

Findet das Programm unbekannte Wörter in Ihrem Text, können Sie aus einem weiteren Untermenü heraus wählen, was mit dem Blindgänger nun geschehen soll. Doch dazu später.

Quitt verläßt die Rechtschreibprüfung. Die Wörterbücher werden aktualisiert.

Starten Sie also zuerst einmal die Rechtschreibprüfung mit dem Befehl **Prüfen.** Wir zeigen Ihnen das einmal an dem Beispiel dieses Unterkapitels:

```
... h ein paar große Stolpersteine, bevor Sie Ihren Text durch den ...

Stolpersteine  nicht im Wörterbuch enthalten

BEFEHL: Aufnehmen Korrektur Hilfe Ignorieren Markieren Optionen Quitt

Wählen Sie bitte eine Option oder geben Sie deren Anfangsbuchstaben ein!
                                              Microsoft Spell: RECHTSCH.TXT
```

Sie sehen also:

- im oberen Fenster zeigt Word Ihnen die aktuelle Textstelle an. In diesem Beispiel ist es das Wort **Stolpersteine.**

- im unteren Fenster zeigt Word Ihnen an, was es an dieser Textstelle auzusetzen hat. In diesem Falle sehen wir, daβ das Wort **Stolpersteine** nicht im Wörterbuch (den Wörterbüchern, falls Sie mehrere verwenden), enthalten ist.

- im neuen **Befehlsmenü** gibt Word Ihnen mehrere Möglichkeiten, wie Sie auf diesen Fehler reagieren können. nämlich:

aufnehmen Mit dieser Funktion können Sie das markierte Wort in eines der Wörterbücher aufnehmen, und zwar entweder in das **Hauptwörterbuch**, das **Textwörterbuch** oder das Benutzerwörterbuch. Ihr Bildschirm sieht dann so aus:

```
Stolpersteine  nicht im Wörterbuch enthalten

Aufnehmen Wort in: Haupt Text Benutzer

Wählen Sie ein Wörterbuch!
                                        Microsoft Spell: RECHTSCH.TXT
```

Damit können Sie das neue Wort in eines der Wörterbücher aufnehmen. Dieses hier könnten wir gerade noch in's Hauptwörterbuch aufnehmen, weil wir es so gerne benutzen. Käme es dagegen seltener vor, müβten wir es in das Benutzerwörterbuch legen.

Korrektur Word durchsucht nun das Wörterbuch nach ähnlichen Wörtern. Findet es welche, können Sie am Bildschirm auswählen, ob Sie das beanstandete Wort lieber so schreiben wollen, wie einer der ähnlichen Einträge des Wörterbuches lautet. Wählen Sie dann einfach aus!

Findet Word kein ähnliches Wort oder Sie wollen keines der gefundenen übernehmen, geben Sie bei **Korrektur** einfach die richtige Schreibweise ein.

```
Stolpersteine  nicht im Wörterbuch enthalten

KORREKTUR: _                              Graphie übernehmen:(Ja)Nein

Ich habe keine möglichen Ersatzwörter in dem Wörterbuch gefunden!
                                         Microsoft Spell: RECHTSCH.TXT
```

Sehen wir uns zuerst einmal die anderen Menüpunkte des **Prüfen**-Menüs an, bevor wir uns weiteren **Korrektur**-Beispielen zuwenden!

Hilfe zeigt Ihnen ein wenig Hilfetext

Ignorieren Das markierte Wort soll so stehen bleiben, aber auch in keines Ihrer Wörterbücher übernommen werden. Microsoft Word soll es einfach ignorieren, es muß ja auch nicht alles wissen.

Markieren Diese Textstelle wollen Sie später noch einmal ausführlich überarbeiten! Word soll dieses Wort mit dem Zeichen markieren, das Sie mit **Optionen** ausgesucht haben. Später im Textmodus werden Sie diese Stelle wiederfinden und noch einmal bearbeiten.

Optionen Geben Sie hier an, ob Sie vollständig oder schnell prüfen lassen wollen. Na klar, Sie wollen vollständig und schnell, aber das geht nun mal leider nicht! **Schnell** heißt, daß alle Wörter erst ab dem dritten Zeichen überprüft werden.

Quitt beendet sie Rechtschreibprüfung.

Beispiel: Korrektur anhand des Wörterbuches

Typischer Fall: Sie haben sich einfach verdippt! Das Wort ist fast richtig geschrieben, aber ein einziger kleiner Buchstabe ist falsch! Und beim Durchlesen fällt es Ihnen auch nicht auf, denn Sie haben sich ja schon an Ihre Tippfehler gewöhnt. Wie gut, daβ Word noch einmal drübergeht! Beispiel:

```
... ie haben sich einfach verdippt! Das Wort ist fast richtig gesc ...



verdippt  nicht im Wörterbuch enthalten

BEFEHL: Aufnehmen Korrektur Hilfe Ignorieren Markieren Optionen Quitt

Wählen Sie bitte eine Option oder geben Sie deren Anfangsbuchstaben ein!
                                          Microsoft Spell: RECHTSCH.TXT
```

Natürlich wählen Sie jetzt **Korrektur**! Sie sehen ja, daβ das Wort ein echter Tippfehler ist! Mal sehen, was Word uns aus dem Wörterbuch vorschlägt:

```
... ie haben sich einfach verdippt! Das Wort ist fast richtig gesc ...

Verdikt
Verdikte
Verdikts

verdippt  nicht im Wörterbuch enthalten

KORREKTUR: Verdikt                 Graphie Übernehmen:(Ja)Nein

Geben Sie das richtige Wort ein oder wählen Sie eins aus der Liste!
                                          Microsoft Spell: RECHTSCH.TXT
```

Na, da finden wir aber nicht das richtige Wort aus dem Wörterbuch! Schreiben Sie einfach über das vorgeschlagene Wort drüber, Word übernimmt Ihren Vorschlag. Wenn Sie und Word durch den ganzen Text durchgegangen sind, werden Sie zum Abschluß gefragt:

Geben Sie J ein um die Änderungen zu übernehmen oder N wenn nicht

Selbstverständlich geben Sie ein "J" ein, denn sonst war ja die ganze Mühe umsonst! Es sei denn, Sie haben nur ein wenig spielen wollen und haben ein paar unerwünschte Änderungen mit eingegeben. Word ersetzt nun alle fehlerhaften Stellen im Text durch die von Ihnen gemachten Korrekturen! Das ist Luxux!

Ich übernehme die Korrekturen in die Textdatei

Tip für Ihre erste Rechtschreibprüfung

Wählen Sie für Ihre erste Rechtschreibprüfung folgenden (einfachen) Weg:

1 Starten Sie die Rechtschreibhilfe mit dem Befehl **Bibliothek Rechtschreibung**. Wählen Sie die Option **Prüfen.**

2 Wenn Sie fachspezifische Wörter in Ihrem Text verwenden wollen, legen Sie zuerst ein Benutzerwörterbuch an.

3 Legen Sie häufig benötigte Wörter in das Hauptwörterbuch, fachspezifische Wörter dagegen in das Benutzerwörterbuch mit der Funktion **Aufnehmen**

4 Meckert Word Ihnen ein richtiges, aber ganz seltenes Wort an, wählen Sie bitte **Ignorieren.**

5 Wenn ein Wort falschgeschrieben ist oder Sie die richtige Schreibweise des beanstandeten Wortes nicht kennen, wählen Sie **Korrektur**: Sehen Sie im Wörterbuch nach, was Word Ihnen als Ersatz anbietet. Gegebenenfalls tragen Sie hier die richtige Schreibweise von Hand ein.

Die schnelle Auskunft

Wenn Ihnen (wie uns) immer der Weg durch das ganze Dokument zu langwierig ist, schlagen Sie doch einfach bei einem unbekannten Wort nach. Tragen Sie doch von vornherein viele Ihrer besonderen Wörter in das Benutzer-Wörterbuch ein! Erst wenn Ihr Dokument fertig geschrieben ist, gehen Sie einmal mit Word durch!

(esc)
Bibliothek
Rechtschreibung
Nachschlagen
Wort:*stöbern*
(return)

stöbern **im Wörterbuch enthalten**

9.10 Texte gliedern

Word (ab Version 3.0) besitzt eine neue Funktion zur Unterstützung des Autors bei der Konzeption und Ausarbeitung seiner Texte. Mit Hilfe dieser Gliederungsfunktion (oft auch "outline"-Funktion genannt) ist es nunmehr möglich, einen Text interaktiv am Bildschirm zu strukturieren. Dies kann schon geschehen, bevor der Text geschrieben ist, kann aber auch nachträglich erfolgen.

- Sie haben hierdurch die Möglichkeit das inhaltliche Gerüst des Textes, das Sie früher auf einem Zettel ausgearbeitet haben, am Bildschirm zu erstellen und hieraus allmählich den gesamten Text aufzubauen.

- Sie können Ihren Text auch gewissermaßen "mehrdimensional" immer wieder aus anderer Ansicht betrachten, um auf diese Weise zu prüfen, ob er inhaltlich richtig strukturiert ist.

- Auch wenn Sie schon bestehende oder fremde Texte bearbeiten, kann die Gliederungsfunktion nützlich für Sie sein, da Sie hierdurch einen einfachen und gezielten Zugang zu den gesuchten Textstellen erhalten.

Text und Gliederung

Ihr Text und seine Gliederung hängen sehr eng miteinander zusammen. Word bietet Ihnen zur Bearbeitung dieser beiden Aspekte des Textes zwei Betriebsarten, nämlich "Text bearbeiten" und "Gliederung bearbeiten".

Wenn Sie beginnen, mit Word zu arbeiten, befinden Sie sich in der Betriebsart "Text bearbeiten". Eine Gliederung können Sie auch in dieser Betriebsart anlegen.

In den Gliederungsmodus kommen Sie mit dem Befehl

(esc)
Ausschnitt
Optionen
...
Gliederung: (Ja) Nein
...
(return)

In dieser Betriebsart können Sie Ihren Text in größeren "Happen", nämlich absatzweise bearbeiten. Dies erleichtert Ihnen das Umstellen von ganzen Absätzen oder noch größeren Textteilen. Insbesondere können Sie auf komfortable Weise einen ganzen Gliederungspunkt einschließlich der zu ihm gehörenden Texte und eventuellen Gliederungsunterpunkte ansprechen.

Um sich innerhalb des Gliederungsmodus besser zurechtzufinden, können Sie einen bestimmten Gliederungspunkt aktivieren und den zu ihm gehörenden Text und etwaige Gliederungsunterpunkte ausblenden (nach dem Sprachgebrauch des Word-Handbuches heißt dieser Vorgang "reduzieren") und bei Bedarf auch wieder einblenden ("erweitern").

- Das Ausblenden erreichen Sie mit der Tastenkombination *(Shift)* - (Minuszeichen am Ziffernblock der Tastatur).
- Einblenden können Sie wieder mit *(Shift)* + (Pluszeichen am Ziffernblock der Tastatur).

Wenn Sie sich im Gliederungsmodus befinden, zeigt Ihnen Word in der ersten Spalte, bzw. hinter der Druckformatspalte durch jeweils ein Zeichen an, wie der betreffende Absatz aus dem Blickwinkel der Gliederung zu betrachten ist:

T bedeutet, daß es sich um einen reinen Textabsatz handelt.

\+ bedeutet, daß es sich bei dem Absatz um einen Gliederungsbestandteil handelt, der aber seinerseits nicht nur Text, sondern noch weitere Unterpunkte der Gliederung enthält.

t bedeutet, daß es sich bei dem Absatz um einen Gliederungsbestandteil handelt, der seinerseits nur Text enthält, aber keine weiteren Unterpunkte der Gliederung .

Wegen der näheren Einzelheiten der Gliederungsfunktion verweisen wir auf das Word-Handbuch und begnügen uns hier mit einem Beispiel. Zum Entwurf eines Textes - etwa über die Jägerprüfung in Baden-Württemberg - könnten Sie wie folgt vorgehen:

Legen Sie Ihre Gliederung fest, bestimmen Sie die Hierarchie der einzelnen Gliederungspunkte und geben Sie das Ergebnis Ihrer Überlegungen laufend direkt am Bildschirm ein.

- Mit der Tastenkombination *(Alt)* *0* können Sie den Gliederungspunkt herabstufen;

- mit der Tastenkombination *(Alt)* *9* können Sie den Gliederungspunkt hochstufen.

Sie erhalten etwa folgendes Bild:

```
1
t Einleitung
      Grundzüge der Jägerprüfung
      Grundzüge der Wordprüfung
  Die besonderen Schwierigkeiten der Jägerprüfung
t     Kipphasen
           Einteilige Kipphasen
           Mehrteilige Kipphasen
t     Treffer
           Treffer bei einteiligen Kipphasen
           Treffer bei mehrteiligen Kipphasen
      Zusammenfassung
t Die besonderen Einfachheiten der Wordprüfung
      Suchwörter
t          Einteilige Suchwörter
t          Mehrteilige Suchwörter
      Wechseln
t          Wechseln bei einteiligen Suchwörtern
           Wechseln bei mehrteiligen Suchwörtern
  ♦
```

Zu den einzelnen Gliederungspunkten können Sie nun Ihren Text formulieren oder auch zunächst nur mal Stichworte zuordnen. Das könnte beispielsweise wie folgt aussehen:

Einleitung

Hier in diesem Buch besteht ein relativ enger Zusammenhang zwischen Jägerprüfung und Wordprüfung.

Grundzüge der Jägerprüfung
Grundzüge der Wordprüfung

Die besonderen Schwierigkeiten der Jägerprüfung

Kipphasen

Was ist eigentlich ein Kipphase? (Vielleicht im Lexikon nachsehen.)

Einteilige Kipphasen

Mehrteilige Kipphasen

Treffer

Ein Treffer ist, wenn der Kipphase kippt.

Treffer bei einteiligen Kipphasen

Treffer bei mehrteiligen Kipphasen

Zusammenfassung

Die besonderen Einfachheiten der Wordprüfung

(Hier soll gezeigt werden, wie die Wordprüfung ist.)

Suchwörter

Einteilige Suchwörter

Zum Beispiel das Wort "und"

Mehrteilige Suchwörter

Zum Beispiel das Wort "Donau-Dampfschiff"

Wechseln

Wechseln bei einteiligen Suchwörtern

(Graphie beachten?)

Wechseln bei mehrteiligen Suchwörtern

Wenn Sie dann auf diese Weise Ihre Gliederung mehr oder weniger mit Inhalt aufgefüllt haben, können Sie für mehr Übersicht sorgen, indem Sie ganz gezielt Texte und Gliederungsteile ausblenden. Zum Beipiel:

```
1
+ Einleitung
+ Die besonderen Schwierigkeiten der Jägerprüfung
t Die besonderen Einfachheiten der Wordprüfung
      Suchwörter
t            Einteilige Suchwörter
t            Mehrteilige Suchwörter
+     Wechseln
  ♦
```

Oder auch:

```
1
t Einleitung
      Grundzüge der Jägerprüfung
      Grundzüge der Wordprüfung
  Die besonderen Schwierigkeiten der Jägerprüfung
t     Kipphasen
            Einteilige Kipphasen
            Mehrteilige Kipphasen
t     Treffer
            Treffer bei einteiligen Kipphasen
            Treffer bei mehrteiligen Kipphasen
      Zusammenfassung
t Die besonderen Einfachheiten der Wordprüfung
+     Suchwörter
+     Wechseln
  ♦
```

Numerieren der Gliederung

Mit dem Befehl

> **(esc)**
> **Bibliothek**
> **Numerieren**
> ...

können Sie sich Ihre Gliederung von Word automatisch durchnumerieren lassen. Mit diesem Befehl können Sie auch eine bereits bestehende Numerierung entfernen.

Umordnen einer Gliederung

Zum Umordnen einer Gliederung bringen Sie vor die einzelnen Gliederungspunkte die entsprechenden Nummern für die neue Reihenfolge an und lassen Sie sich dann die Gliederung mit dem Befehl

> **(esc)**
> **Bibliothek**
> **Sortieren**
> ...

automatisch von Word umsortieren.

Beim Gliedern nicht verzweifeln

Wenn Sie anfangs Schwierigkeiten mit der Gliederungsfunktion haben, lassen Sie sich nicht entmutigen:

Die Gliederungsfunktion ist - insbesondere, wenn man die Möglichkeiten des verborgenen Textes und der Fensterverarbeitung mit in die Betrachtung einbezieht - ein äußerst mächtiges Werkzeug zur Texterstellung. Dieses entsprechend komplexe Werkzeug können Sie aber nur dann sinnvoll nutzen, wenn Sie zunächst mit kleineren, überschaubaren Texten beginnen und sich auch später regelmäßig in der Anwendung der Gliederungsfunktion üben.

9.11 Verzeichnisse

Word bietet nunmehr (ab Version 3.0) seinem Benutzer auch die Möglichkeit zur automatischen Erstellung von Registern und Verzeichnissen. Um diese komfortable Funktion benutzen zu können, müssen Sie zunächst Ihren Text entsprechend vorbereiten, indem Sie diejenigen Textbestandteile, die in ein bestimmtes Register eingestellt werden sollen, entsprechend kennzeichen.

Mit dem Befehl

> **(esc)**
> **Bibliothek**
> **Verzeichnis**

und mit dem Befehl

> **(esc)**
> **Bibliothek**
> **Index**

können Sie sich dann von Word die entsprechenden Verzeichnisse für Ihren Text automatisch erstellen lassen.

Inhaltsverzeichnis

Ein Inhaltsverzeichnis können Sie mit mehreren Ebenen anlegen. Jede Ebene kann der entsprechenden systematischen Gliederungsebene des jeweils behandelten Punktes entsprechen.

Zur Erstellung eines solchen Inhaltsverzeichnisses gehen Sie nach folgendem Rezept vor:

1. Tragen Sie vor jedes Textstück, das in das Inhaltsverzeichnis übernommen werden soll, die Zeichenfolge

   .V.

   ein. Diese Zeichenfolge müssen Sie als verborgenen Text formatieren.

   Hierzu empfiehlt es sich, in Ihre Formatwunschliste ein entsprechendes Zeichenformat aufzunehmen und anschließend die als verborgenen Text formatierte Zeichenfolge ".V." auf einen Textbaustein zu speichern. Hierdurch ersparen Sie sich viel Mühe.

2. Nunmehr ist das Textstück ab der Zeichenfolge .V. bis zur nächsten Absatz- oder Bereichsmarke zur Aufnahme in das Inhaltsverzeichnis bestimmt. Wollen Sie lediglich ein kleineres Textstück in das Inhaltsverzeichnis übernehmen, so können Sie den Eintrag mit einem Semikolon, das Sie ebenfalls als verborgenen Text formatieren, abschließen. Word wird sodann das Textstück zwischen .V. und Semikolon in das Inhaltsverzeichnis übernehmen.

3. Wenn Sie auf die genannte Weise alle Einträge gekennzeichnet haben, die in das Inhaltsverzeichnis übernommen werden sollen, so geben Sie den Befehl

(esc)
Bibliothek
Verzeichnis
Index nach: V
...

mit entsprechenden Einträgen in die weiteren Befehlsfelder dieses Untermenüs (Eintrag/Seitenzahl getrennt durch ...; Einzug pro Ebene ...; mit Druckformatvorlage) können Sie festlegen, wie Ihr Verzeichnis im Einzelnen gestaltet werden soll. Hierfür steht eine Vielzahl von Möglichkeiten zur Verfügung, die Sie bitte im Einzelnen dem Word-Handbuch entnehmen wollen.

Durch Voranstellen eines als verborgenen Text formatierten Doppelpunktes können Sie einen bestimmten Eintrag um eine Hierarchiestufe herabstufen. Dieser Eintrag wird sodann im Verzeichnis gegenüber den höherrangigen Einträgen tiefer eingerückt sein. Auf diese Weise können Sie die Struktur Ihrer sachlichen Textgliederung auf die äußere Form des Inhaltsverzeichnisses übertragen.

Nach Ausführung des Befehls BIBLIOTHEK VERZEICHNIS erstellt Word das Inhaltsverzeichnis und schreibt es an das Ende Ihres Textes in einen separaten Bereich. Auf diese Weise können Sie das Inhaltsverzeichnis getrennt vom eigentlichen Text mit Seitenzahlen versehen und entsprechend Ihren Anforderungen formatieren.

Die Dauer der Erstellung eines Inhaltsverzeichnisses durch Word hängt im Wesentlichen davon ab, wie umfangreich Ihr Text und Ihr Verzeichnis ist. Der Vorgang kann jedoch eine ganz erhebliche Zeitspanne in Anspruch nehmen.

Das Stichwortverzeichnis

Zur Kennzeichnung der Textstücke, die in das Stichwortverzeichnis aufgenommen werden sollen, gehen Sie ganz entsprechend vor, wie dies oben für das Inhaltsverzeichnis beschrieben worden ist. Einziger Unterschied: Statt dem als verborgenen Text formatieren Aufnahmebefehl .V. geben Sie den Aufnahmebefehl .I.

Mit einem als verborgen formatierten Semikolon bezeichnen Sie das Ende des Stichwortes. Durch Anbringen von verborgen formatierten Doppelpunkten können Sie Ihr Stichwortverzeichnis mehrstufig in Haupt- und Unterstichworte strukturieren.

Andere Verzeichnisse

Sie können zu Ihrem Text auch mehrere verschiedene Verzeichnisse anlegen, die Sie sich von Word getrennt zusammenstellen lassen können. Dabei gehen Sie grundsätzlich wie oben beschriebnen vor. Sie müssen nur jeweils einen anderen Buchstaben in den Aufnahmebefehl schreiben, der gerade für dieses Verzeichnis spezifisch ist. Allgemein ausgedrückt lautet also der Aufnahmebefehl

.(registerspezifischer Kennbuchstabe).

Jetzt können wir Ihnen nur noch viel Spaβ bei Erstellen von Registern und Verzeichnissen wünschen.

9.12 Post an alle: Der Serienbrief

Microsoft Word bietet mit der Funktion **Serienbrief** folgende Leistungen an:

1) Schreiben von "persönlichen" Briefen mit demselben Inhalt an verschiedene Empfänger.

Genau das verstehen Sie und wir auch darunter. Wenn Sie vom Bertelsnecker Versand-Lesedienst einen ganz persönlichen Brief bekommen, in dem fünfundzwanzig Mal "Sehr geehrter Herr König ,wir freuen uns,..." steht, aber überall Platz für den längsten Namen Europas gelassen ist, haben Sie's gecheckt: Das ist ein "Serienbrief", der an tausend Leute verschickt wird. Hätten die Leute von Bertelsnecker das Programm Word genommen, wären wenigstens diese verräterischen Lücken nach dem Namen nicht da!

Mit dieser Funktion können Sie auch Adressen auf selbstklebende Adreßetiketten drucken, wenn Sie das erforderliche Papier bei Ihrem Händler kriegen und Ihr Drucker es verarbeitet. Wir werden später ein Beispiel dafür geben.

2) Die Funktion Serienbrief erlaubt das **Zusammenführen mehrerer Textdateien.**

Das ist auch ganz wichtig: Haben Sie mit einem anderen Programm wie dBaseII oder Multiplan eine Textdatei (sogenannte "ASCII-Datei") erzeugt, so können Sie diese mit der Funktion Serienbrief in Ihre Textdatei hereinholen. Toll.

3) Die Funktion Serienbrief erlaubt das **automatische Einfügen von kompletten Textdateien in einen Serienbrief**

4) Mit der Funktion Serienbrief können Sie an vorher festgelegte Stellen Ihres Textes während des Druckens nachträglich Text einfügen.

Das kann zum Beispiel wichtig sein, wenn Sie an einige Stellen in Ihren Text noch ganz aktuelle Dinge einfügen wollen: das Datum, ein Postscriptum, einen jeweils persönlichen Text für jeden Empfänger.

5) Die Funktion Serienbrief stellt Ihnen darüber hinaus noch eine Reihe von Werkzeugen zur Verfügung, mit denen Sie Bedingungen stellen und abfragen können, und in Abhängigkeit des Ergebnisses den einen oder anderen Text in Ihren Serienbrief einfügen lassen können.

Das kann ganz schön nützlich sein; Sie können damit dem Empfänger einen freundlichen oder unfreundlichen Brief automatisch schreiben lassen, je nachdem, ob er noch Schulden bei Ihnen hat oder nicht.

Wir werden in diesem Kapitel jedoch nur die einfache Funktion Serienbrief und das Zusammenführen mehrerer Textdateien beschreiben. Diejenigen unter Ihnen, die die weiterreichenden Funktionen verwenden wollen, vertrösten wir aufs Word-Handbuch: Wenn Sie die hier beschriebenen Funktionen verstanden haben, werden Ihnen die Seiten 399 bis 411 des Word-Buches weiterhelfen.

Der Serien-Brief

Wollen Sie nun solch einen Serienbrief schreiben, müssen Sie:

1) den Serienbrief als ganz normalen Text in eine Datei eintragen. Diese Datei nennen wir einmal **Serienbrief.**

2) alle "persönlichen" Teile (Namen, Adressen, Anreden ...) als ganz normalen Text (in einer bestimmten Form) in eine andere Datei eintragen. Diese Datei nennen wir **Steuerdatei.**

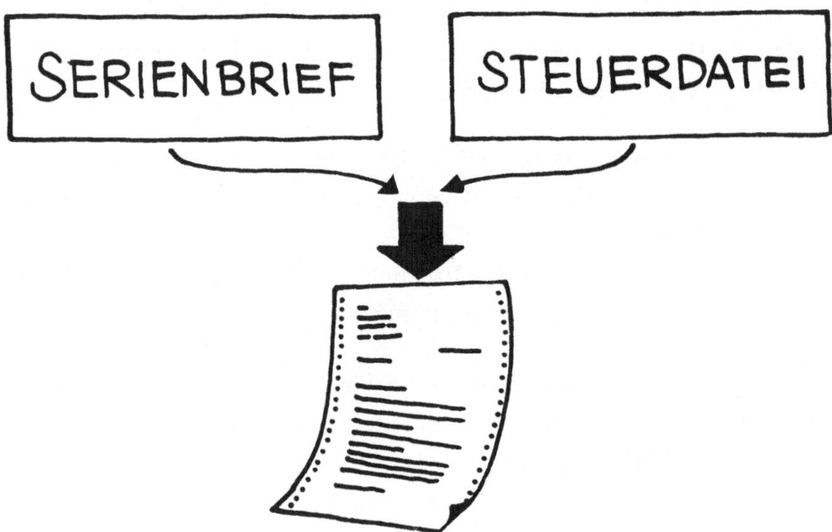

Ihnen wird sofort klar:

> Im **Serienbrief** steht der gesamte Text, in der **Steuerdatei** steht alles, was an die bestimmten Stellen im Serienbrief (für jeden Brief einzeln) eingefügt werden soll.

Doch wie weiß Word, was wohin kommt?

Die Stellen im Serienbrief, an die etwas eingesetzt werden soll, heiβen **Einfügepositionen.** Jede Einfügeposition hat ihren eigenen Namen, damit Word auch den richtigen Text aus der Steuerdatei einfügen kann.

Damit Word erkennen kann, wo solche Einfügepositionen in Ihrem Serienbrief stehen, müssen die Namen von besonderen Zeichen eingeklammert werden: den doppelten spitzen Klammern « und ». Diese doppelt spitzen Klammern erzeugt Ihr IBM-Personal Computer, wenn Sie (Ctrl)(S) beziehungsweise (ctrl)(A) drücken.

Haben Sie einen anderen "kompatiblen" Rechner, der beim Drücken dieser Tasten schweigt, probieren Sie stattdessen *(alt)174* beziehungsweise *(alt)175.* Die Ziffern müssen Sie dabei auf der Zehnertastatur (rechts) eingeben. Erzeugt Ihr Rechner immer noch keine doppelt spitzen Klammern, so ist er kein kompatibler. Ärgern Sie sich jetzt und schreiben Ihre Serienbriefe von Hand.

Beispiel:

In Ihrem Serienbrief soll von Schreiben zu Schreiben ein anderer Empfängername eingesetzt werden. An die Stelle, wo er hinkommen soll (die Einfügeposition), muβ also der Name dieser Einfügeposition (zwischen « und ») stehen:

An
Herrn/Frau/Firma
«Empfängername»
und so weiter

Beim Drucken des Serienbriefes holt Word sich nun aus der Steuerdatei den ersten Empfängernamen und druckt einen Brief; danach den zweiten Namen und so weiter, bis für jeden Empfängernamen ein Brief gedruckt worden ist.

Jetzt muß Word nur noch wissen, welche Steuerdatei zu Ihrem Serienbrief gehört. Das teilen Sie Word in der allerersten Zeile Ihres Briefes mit der Anweisung **«STEUERDATEI** *NameIhrerSteuerdatei***»** mit.

Schauen wir uns einmal ein vollständiges Beispiel eines einfachen Serienbriefes mit mehreren Einfügepositionen an, etwa so, wie ein Bertelsnecker-Serienbrief aussehen könnte:

> «STEUERDATEI Adressen»
>
> An
> «Titel»
> «Name»
> «Anschrift»
> «Wohnort»
>
> Sehr «Anrede» «Name»,
>
> wir freuen uns, Ihnen, «Titel» «Name» aus «Wohnort»,heute ein ganz besonderes Angebot machen zu können:
>
> Bla Bla Bla
>
> Mit freundlichen Grüßen
>
> (Im Auftrag)

Damit ist unser erster Serienbrief fertig. Bitte speichern Sie ihn (unter einem beliebigen Namen) auf Diskette ab; wir erstellen nun die Steuerdatei zu diesem Brief.

Die Steuerdatei

In der Steuerdatei müssen nun alle Textteile stehen, für die Sie im Serienbrief Einfügepositionen angelegt haben. Natürlich dürfen auch mehr Textteile darin stehen, aber auf keinen Fall weniger!

Für den Aufbau der Steuerdatei gelten nun fünf Regeln:

1) Der **Name der Steuerdatei** muß mit dem Namen, den Sie im Serienbrief angegeben haben, übereinstimmen (klar!).

2) Die Steuerdatei besteht aus genau einem **Steuersatz** und beliebig vielen **Datensätzen.**

3) In dem Steuersatz stehen die **Namen der Einfügepositionen** getrennt durch Semikolon (;). Der Steuersatz wird abgeschlossen mit (return)

4) In jedem Datensatz steht zu jeder Einfügeposition ein Text. Die Texte werden durch **Semikolon** (;) getrennt. Jeder Datensatz wird abgeschlossen mit (return)

5) Alle weiteren Formatierungen (Zeichenformat, Absatzformat, Bereichsformat) innerhalb der Steuerdatei sind unwirksam; Sie sollten sie besser nicht verwenden.

Das ist also ganz einfach: nachdem Sie den Steuersatz einmal sorgfältig erstellt haben, können Sie Ihre Datensätze einfach drauflostippen.

Beispiel für unseren ersten Serienbrief

Die Datei "Adressen" hat folgenden Inhalt:

Titel; Name; Anschrift; Wohnort; Anrede (return)

Herrn; Wolfgang Mehl; Riedstr.34; Konstanz;
geehrter Herr (return)

Frau; Marion Gaber; Hohenhausgasse 5; Konstanz;
geehrte Frau (return)

Firma; Schleiferstüble; Wessenbergstraβe 31; Konstanz;
geehrte Firma (return)

In unserem Beispiel sehen Sie also den Inhalt einer Steuerdatei (mit dem Namen Adressen) mit einem Steuersatz und drei Datensätzen. Steuer- und Datensätze dürfen durchaus auf mehrere Zeilen verteilt werden, wichtig ist nur, daβ sie mit (return) beendet wurden.

Serienbrief drucken

Für die Funktion **Druck Serienbrief** muβ die Datei mit dem Serienbrief mit **Übertragen Laden** im Textfenster erscheinen. Doch dann geht's los:

(esc)
Druck
Serienbrief
(return)

schreibt Ihnen nun folgende drei Briefe auf Ihrem Drucker:

An
Herrn
Wolfgang Mehl
Riedstr.34
Konstanz

Sehr geehrter Herr Wolfgang Mehl,

wir freuen uns, Ihnen, Herrn Wolfgang Mehl aus Konstanz, heute ein ganz besonderes Angebot machen zu können:

Bla Bla Bla

Mit freundlichen Grüßen

(Im Auftrag)

An
Frau
Marion Gaber
Hohenhausgasse 5
Konstanz

Sehr geehrte Frau Marion Gaber,

wir freuen uns, Ihnen, Frau Marion Gaber aus Konstanz, heute ein ganz besonderes Angebot machen zu können:

Bla Bla Bla

Mit freundlichen Grüßen

(Im Auftrag)

An
Firma
Schleiferstüble
Wessenbergstraβe 31
Konstanz

Sehr geehrte Firma Schleiferstüble,

wir freuen uns, Ihnen, Firma Schleiferstüble aus Konstanz, heute ein ganz besonderes Angebot machen zu können:

Bla Bla Bla

Mit freundlichen Grüβen

(Im Auftrag)

Sie sehen, so einfach ist das!

Wenn Sie gerade fit sind, habe Sie sicherlich bemerkt, daβ der Wohnort in der Anschrift unterstrichen gedruckt, im Brief selber aber normal gedruckt worden ist. Schauen Sie in den Rohtext des Serienbriefes: Hier steht's genauso:

> Jeder Einfügetext erhält beim Drucken immer das Zeichenformat, in dem der Name der Einfügeposition eingegeben worden ist.

Mit dem eben Gelernten sind Sie nun in der Lage, Ihre Post zu automatisieren: Sie können nicht nur so langweilige Dinge wie Name, Adresse und Wohnort in Ihren Serienbrief einfügen lassen, sondern jeden beliebigen Text! Lassen Sie Ihrer Phantasie freien Lauf. Weil unser Buch sonst noch dicker werden würde, hier nur ein kurzes

Beispiel:

Stefan hat Geburtstag und möchte eine Party geben. Die Einladungen müssen selbstverständlich mit Word geschrieben werden. Selbstverständlich ist auch, daß der Onkel Willi einen zahmen und der Markus einen coolen Brief bekommt. Also müssen nicht nur Name und Anrede für jeden Empfänger anders (also variabel) sein, sondern auch Teile des Textes. Sehen wir uns das einmal an:

Die Serienbrief-Datei **Party** sieht so aus:

«STEUERDATEI Freunde»

An «Name»

«Anrede» «Name»,

wie Du weißt, «Erklärung». Du bist zu «Fest» recht herzlich eingeladen. Ich würde mich freuen, wenn Du «Mitbringsel» mitbringen könntest. Bis dann, Dein Stefan.

Und so sieht die Steuerdatei **Freunde** dazu aus:

Name; Anrede; Erklärung; Fest; Mitbringsel (return)

Markus; Lieber; hamse mir heute schon wieder 'nen Jahresring verpaßt; meiner Sause; Deine Freundin und was Kühles (return)

Onkel Willi; Lieber; habe ich heute Geburtstag; meiner Geburtstagsparty; eine Flasche feinsten Sekt (return)

Und das kommt dabei heraus: Brief Eins:

> **An Markus**
>
> **Lieber Markus,**
>
> **wie Du weiβt, hamse mir heute schon wieder 'nen Jahresring verpaβt. Du bist zu meiner Sause recht herzlich eingeladen. Ich würde mich freuen, wenn Du Deine Freundin und was Kühles mitbringen könntest. Bis dann, Dein Stefan.**

Brief Zwei:

> **An Onkel Willi**
>
> **Lieber Onkel Willi,**
>
> **wie Du weiβt, habe ich heute Geburtstag. Du bist zu meiner Geburtstagsparty recht herzlich eingeladen. Ich würde mich freuen, wenn Du eine Flasche feinsten Sekt mitbringen könntest. Bis dann, Dein Stefan.**

Die Briefe sind absichtlich nicht im Blocksatz formatiert, damit keiner merkt, daβ sie von einem Computer geschrieben worden sind.

Damit wollen wir die Funktion Serienbrief abschlieβen. Hier nur noch einige

Tips zum Arbeiten mit Serienbriefen

1) Bevor Sie den Befehl Druck Serienbrief geben, vergewissern Sie sich bitte, daβ Sie alle erforderlichen Druckparameter mit Druck Optionen eingestellt haben.

2) Arbeiten Sie beim Erstellen der Steuerdatei möglichst immer mit zwei Ausschnitten: Halten Sie in einem Ausschnitt Ihren Serienbrief, im zweiten Ihre Steuerdatei: Sie können dann die Namen aller Einfügepositionen "abspicken" und wissen auch immer genau, was Sie mit welcher Einfügeposition gemeint haben.

Hier ein kurzes **Rezept** für das Erstellen eines Serienbriefes einschließlich der Steuerdatei unter Verwendung von Ausschnitten:

Schritt 1: Schreiben Sie Ihren Serienbrief

Schritt 2: Speichern Sie den Text ab mit:

(esc)
Übertragen
Speichern
Dateiname: *Brief*
(return)

Schritt 3: Teilen Sie Ihren Bildschirm in zwei Ausschnitte mit:

(esc)
Ausschnitt
Teilen
Horizontal
Zeile: *15*
(return)

Schritt 4: Legen Sie Ihre Steuerdatei im Ausschnitt 2 an. Spicken Sie dabei alle Namen der Einfügepositionen aus dem Ausschnitt 1 ab; blättern Sie gegebenenfalls im Ausschnitt 1. Sichern Sie Ihre Datei mit:

(esc)
Übertragen
Speichern
Dateiname: *Adress*
(return)

Schritt 5: Stellen Sie die Schreibmarke in Ihren Serienbrief (mit (f1), das heißt "nächstes Fenster") und drucken Sie nun mit:

(esc)
Druck
Optionen
alle Optionen überprüfen !
Serienbrief
(return)

Rezept zum Drucken von Adreß-Etiketten

Wollen Sie die Namen und Anschriften aus Ihrer Steuerdatei auf selbstklebende Adreßetiketten (auch als Endlosformular erhältlich) drucken, können Sie das selbstverständlich (mit Word) tun.

Wenn auch in Ihrer Steuerdatei viel mehr an Information steht, machen Sie sich nichts draus: Sie brauchen ja nur die Informationen aufzurufen, die Sie gerade für Ihre Adreßetiketten benötigen.

Sie brauchen also lediglich eine neue Serienbrief-Datei mit entsprechenden Einfügepositionen und einem ausgefuchsten Formatwunsch anzulegen, das Papier einzuspannen, und schon kann ` s losgehen.

Halt - da fehlt noch was: Wenn Ihr Etikettenpapier drei Etiketten nebeneinander aufweist, würde ja auf allen dreien der gleiche Name und die gleiche Adresse stehen - wollen Sie das? Nein, in der Regel will man jede Adresse nur einmal druchen.

Was fehlt, ist also eine Möglichkeit, nach dem Drucken einer Adresse auf den nächsten Datensatz in der Steuerdatei fortzuschalten. Diese Anweisung heißt in Word **«NÄCHSTER»**.

Also los:

> Dreibahnige Adreß-Etiketten werden werden mit einem dreispaltigen Bereichsformat gedruckt. Der "Serienbrief" besteht nur aus drei Absätzen mit je einem Adreß-Satz, zwischen denen mit «NÄCHSTER» die jeweils nächste Adresse angefordert wird. Durch eine entsprechend kurze Seitenlänge werden die Absätze (und somit Adressen) in drei Spalten nebeneinander gedruckt.

Für unsere Adreß-Etiketten sieht das Bereichsformat folgendermaßen aus (bitte messen Sie an entsprechenden Stellen Ihr Etikettenpapier genau aus):

(esc)
Format Bereich Seitenrand
Seitenlänge: 5,5 cm
Breite: ... cm
Seitenrand oben: 0
Seitenrand unten: 0
Seitenrand links: 0
Seitenrand rechts: 0
(return)

Format Bereich Layout
Spaltenzahl: 3
Spaltenabstand: 0
(return)

Wenn Sie dieses Bereichsformat gleich als Muster vereinbaren und fest mit der Serienbriefdatei für Adreßetiketten verknüpfen, können Sie bei Bedarf immer wieder darauf zurückgreifen und im Nu ein paar Adressen drucken lassen.

Nun zum Absatzformat für die Adreß-Absätze:

(esc)
Format Absatz
Ausrichtung: links (oder zentriert)
SelbeSeite: Ja
(return)

Und so kann Ihr Serienbrief zum Drucken von Adressen aussehen:

«STEUERDATEI Adressen»

«Name»
«Straße»

«**Wohnort**»

«NÄCHSTER»
«Name»
«Straße»

«**Wohnort**»

«NÄCHSTER»
«Name»
«Straße»

«**Wohnort**»

Die Steuerkommandos "STEUERDATEI" und "NÄCHSTER" haben wir extra groß geschrieben, damit Sie diese als solche leicht erkennen können; Word versteht sie aber auch in Kleinschreibung.

Beachten Sie bitte: Sie müssen für dieses Beispiel drei Absätze (nämlich immer von «Name» bis «*Wohnort*») eingerichtet haben.

Zeilen, in denen nur Steueranweisungen für die Funktion Serienbrief enthalten sind, hinterlassen keine Spuren auf dem Papier: Sie dürfen sie für die Berechnung des Papierformats nicht mitzählen.

Mit diesem Rezept können Sie natürlich auch noch ganz andere Sachen machen: **Karteikärtchen** drucken, beliebige **Daten systematisch aufstellen, Visitenkarten drucken, Brombeergelee-Etiketten** für Muttern drucken; Ihnen wird schon was Ausgefallenes einfallen.

Und so druckt Word Ihre Adreß-Etiketten:

Helmut Becker
Oberstegle 1

7750 Konstanz

Wolfgang Mehl
Riedstr. 34

7750 Konstanz

Stefån Schwanke
Bagnatosteig 20

7750 Konstanz 18

9.13 Word mit DOS-Inhaltsverzeichnissen

Dieses Kapitel ist wichtig für Sie, wenn Sie einen Personal Computer mit Festplatte haben. Wenn Sie nur mit Disketten arbeiten, können Sie das Kapitel zunächst mal auslassen. Jedoch sollten Sie es irgendwann später doch noch lesen, wenn Sie mit Word und DOS besser vertraut sind. Mit DOS-Inhaltsverzeichnissen können Sie auch Ihre Disketten übersichtlicher organisieren.

Wie Sie DOS-Inhaltsverzeichnisse erstellen, handhaben und löschen, entnehmen Sie Ihrem DOS-Handbuch. Üben Sie den Umgang mit Inhaltsverzeichnissen zunächst mal, ohne Ihr Word zu starten.

DOS-Inhaltsverzeichnisse können Sie nicht erstellen, wenn Sie im Programm Word sind, sondern nur im Betriebssystem. Hierzu haben Sie zwei Möglichkeiten:

- Benutzen Sie entweder den Befehl BIBLIOTHEK BETRIEBSSYSTEM
- oder verlassen Sie Word mit QUITT.

Wenn Sie Word starten, sucht es Ihre Texte zunächst im Stammverzeichnis. Einen anderen Zugriffspfad können Sie vereinbaren mit dem Befehl

(esc)
Übertragen
    Optionen
        Laufwerk/Inhaltsverzeichnis: ...
(return)

Den Befehl ÜBERTRAGEN OPTIONEN können Sie aber nur dann benutzen, wenn Sie noch keinen Text geladen haben oder wenn Sie unmittelbar zuvor den Befehl

> **(esc)**
> **Übertragen**
> **Bildschirmlöschen: Ausschnitt** *(Gesamt)*
> **(return)**

gegeben hatten. Wenn Sie mit ÜBERTRAGEN OPTIONEN einen bestimmten Zugriffspfad festgelegt haben, sucht Word nur noch in diesem DOS-Inhaltsverzeichnis nach Ihren Textdateien.

Sie können aber auch ohne an der Voreinstellung des Zugriffspfades etwas zu ändern, explizit beim Laden bzw. Speichern einer Datei einen bestimmten Zugriffspfad angeben. Zum Beispiel:

> **(esc)**
> **Übertragen**
> **Laden**
> **Dateiname:***Word**Wordbuch**Kap1*
> **(return)**

Den zu dieser Eingabe erforderlichen umgekehrten Schrägstrich können Sie innerhalb von Word leider nicht so wie gewohnt eingeben. Stattdessen drücken Sie die Alt-Taste, halten sie fest, tippen auf dem rechts auf der Tastatur befindlichen Ziffernblock die Zahl *92* und lassen danach die Alt-Taste wieder los.

Wenn Sie den Dateinamen nicht mehr wissen, können Sie auch nach Angabe des Zugriffspfades durch Drücken einer Pfeiltaste - wie gewohnt - eine Liste der in diesem Inhaltsverzeichnis befindlichen Dateien anfordern.

Leider gibt es in Word keine direkte Möglichkeit, sich die Namen von DOS-Inhaltsverzeichnissen auflisten zu lassen. Hierzu müssen Sie den Word-Befehl BIBLIOTHEK BETRIEBSSYSTEM und anschließend den DOS-Befehl *dir* verwenden.

9.14 Bücher schreiben mit Word

> Zum Schreiben eines Buches mit Word sollten Sie sich nicht schon entschließen, wenn Sie dieses Kapitel durchgearbeitet und verstanden haben.

Sie sind zwar auf dem besten Weg, ein Word-Profi zu werden. Beachten Sie aber, daß Sie mit Word etwa in der Weise vertraut sind, wie ein frisch gebackener Autofahrer nach der gerade bestandenen Fahrprüfung. Verschaffen Sie sich, bevor Sie größere Projekte in Angriff nehmen, zunächst einmal genügend Word-Praxis mit kleineren und vor allem weniger wichtigen Texten. Erst wenn Sie wirklich sicher mit Word umgehen können, sollten Sie sich an größere und wichtige Projekte wagen.

Hierzu ein paar Tips:

Große Texte auftrennen

Wenn Sie große Texte erstellen wollen, können Sie sich die Arbeit wesentlich vereinfachen, wenn Sie nicht den ganzen Text auf eine Datei abspeichern, sondern in kleinere "leichter verdauliche" Häppchen aufteilen.

Das Laden und Speichern und auch das Blättern in kleineren Texten geht schneller, auch wird die Notizblockdatei, die Word auf der Programmdiskette anlegt, nicht so schnell voll. Mit einem Wort, das Arbeiten ist einfacher, geht schneller und macht deshalb auch mehr Spaß.

Wenn Sie Ihre Dateien kapitelweise oder abschnittsweise anlegen, können Sie diese auch einzeln ausdrucken. Dabei beeinflussen Sie die Seitennumerierung mit dem Befehl

(esc)

Format

Bereich

Paginierung

Pagina: Fortlaufend *(Beginn)*

Bei: ...

(return)

Wenn Ihre Texte Fuβnoten enthalten, die durch das ganze Buch durchnumeriert werden sollen, müssen Sie Ihre einzelnen Dateien mit dem Befehl

(esc)

Übertragen

Zusammenführen

Dateiname: ...

(return)

zusammenfassen, damit die Fuβnotennumerierung stimmt.

Wenn die dadurch entstehenden Texte allzu groβ werden (mehr Zeichen als etwa 1/3 der Diskettenkapazität), werden Sie Schwierigkeiten mit dem Speichern der zusammengefaβten Texte bekommen. In diesem Fall sollten Sie gleich nach dem Befehl ÜBERTRAGEN ZUSAMMENFÜHREN den Befehl DRUCK DRUCKER geben, ohne die zusammengefaβte Datei zu speichern.

Bei Computern mit Festplatte taucht dieses Problem erst bei sehr sehr groβen Texten auf.

Wenn Ihr mit fortlaufend numerierten Fuβnoten zu versehender Text noch gröβer ist (mehr als die Speicherkapazität einer Diskette), brauchen Sie einen Personal Computer mit Festplatte. Wenn Ihnen dieser Vorschlag nicht gefällt, können Sie folgenden Trick anwenden:

- Lassen Sie Ihren Text in einzelnen Teilen.

- Setzen Sie vor jeden dieser Teile so viele leere Fuβnoten, bis die Numerierung stimmt. Gehen Sie hierzu wie folgt vor:

  Machen Sie eine Fuβnote und gehen Sie mit dem Befehl GEHZU FUSSNOTE in den Text zurück. Kopieren Sie diese Fuβnote, dann haben Sie schon zwei Fuβnoten. Kopieren Sie diese beiden Fuβnoten, dann haben Sie vier Fuβnoten. Kopieren Sie diese vier Fuβnoten, dann haben Sie schon acht Fuβnoten. Und so weiter ... und so fort. Nach der letzten leeren Fuβnote geben Sie mit der Tastenkombination *Ctrl/Shift/Return* einen Seitenvorschub ein, damit das eingesetzte Textstück auf eine neuen Seite anfängt. Diesen Trick können Sie natürlich auch schon bei kleineren Texten anwenden, wenn er Ihnen gefällt.

- Drucken Sie die einzelnen Teile des Textes und werfen Sie die leeren Fuβnoten einfach weg.

Inhaltsorientierte Muster

Erstellen Sie Formatwünsche in Ihrem Muster zunächst nach inhaltlichen, auf Ihren Text bezogenen Gesichtspunkten und erst in zweiter Linie nach den eigentlichen Formatwünschen. Das soll heiβen:

- Machen Sie Muster für Beispiele, Zitate, Namen, Aufgaben, Lösungen, Überschriften, Literaturhinweise usw.,

  anstatt Formatwunschlisten (Muster) für Fettdruck, Kursivdruck, eingezogener Absatz, zentrierter Absatz usw.

- Machen Sie für möglichst viele Verwendungen möglichst viele Muster, auch wenn die einzelnen Formatzuweisungen (zunächst) gleich sind. Sie sind nachher viel flexibler bei globalen Änderungen und müssen nicht so viel von Hand nach- oder umformatieren.

- Wenn Sie Ihr Konzept auf einem anderen Drucker als das endgültige Original drucken wollen, sollten Sie in Ihren Mustern Ersatzdarstellungen verwenden. Etwa für die Schriftarten bzw. Hervorhebungen, die Ihr Drucker nicht kann. Zum Beispiel: durchgestrichen statt kursiv.

Endfassung gestalten

Wenn Sie Ihre Texte in der Endfassung auf einem anderen Drucker (etwa wie wir auf einem Laser-Drucker) drucken wollen, können Sie viel Papier und auch Nerven sparen, wenn Sie schon am Bildschirm Vorarbeit zur endgültigen Textgestaltung leisten.

Besorgen Sie sich die Druckerbeschreibungsdatei (Dateinamenerweiterung .DBS) für den betreffenden Drucker, auf dem die endgültige Ausgabe erfolgen soll, und kopieren Sie diese auf Ihre Programmdiskette, bzw. auf Ihre Festplatte.

Geben Sie mit dem Befehl

```
(esc)
      Druck
            Optionen
                  Drucker: ...
(return)
```

den endgültigen Drucker an. Diesen (Teil-)Befehl schicken Sie mit der Return-Taste ab. Danach verlassen Sie aber den DRUCK-Befehl wieder mit der Esc-Taste, denn diesen Drucker haben Sie ja noch nicht angeschlossen und Sie wollen auch noch gar nicht drucken.

Stellen Sie mit dem Befehl

(esc) **Zusätze** **...** **Druckbild: Normal** *(Drucker)* **(return)**

ihre Bildschirmanzeige um.

Nach Eingabe dieses Befehls entspricht der Zeilenumbruch am Bildschirm demjenigen auf dem endgültigen Drucker.

Geben Sie dann noch den Befehl

(esc) **Druck** **Umbruch_Seite** **Seitenwechsel bestätigen: (ja) nein** **(return)**

und schauen Sie sich den Seitenumbruch am Bildschirm an und korrigieren Sie ihn gegebenenfalls.

Jetzt können Sie auf dem endgültigen Drucker drucken: Schauen Sie sich das Resultat an. Einige Änderungen werden Sie wohl noch machen müssen. Aber das Ergebnis zeichnet sich schon ab.

Unterschätzen Sie den Zeitaufwand für die Gestaltung der endgültigen Druckausgabe nicht!

Viel Spaß beim Bücherschreiben!

DIE
MAUS.

10 Anhänge

10.1 Begriffe

10.2 Unsere Formatwunschliste WORDBUCH.DFV

10.3 Die Tastatur

10.4 Stichwortverzeichnis

Begriffe

Absatz

Zusammengehörender Textbereich, der in einem einheitlichen »Absatzformat dargestellt werden soll. Ein Absatz besteht meistens aus einem oder mehreren Sätzen. In Word wird ein Absatz immer durch eine »Absatz-Endemarke abgeschlossen.

Absatz-Endemarke

kennzeichnet das Ende eines Absatzes; sie wird erzeugt durch Betätigen der Taste (return) im »Textmodus. In der Absatz-Endemarke ist der zu diesem Absatz gehörende »Formatwunsch gespeichert. Dieser Formatwunsch kann mit der Absatzmarke kopiert und gelöscht werden. Die Absatz-Endemarke kann wie jedes andere Zeichen bearbeitet werden.

Absatz-Format

beschreibt das formale Aussehen eines Absatzes in mehreren Punkten. Es kann direkt mit dem Befehl *Format Absatz* (siehe Kapitel 6) oder durch Abruf eines »Formatwunsches aus einer »Format-Wunschliste (siehe Kapitel 7) zu einem Absatz zugeordnet werden.

Ausprägung

beschreibt, wie ein (oder mehrere) »Zeichen dargestellt werden sollen: normal, fettgedruckt, kursiv, ... Ausprägungen für Zeichen werden mit dem Befehl *Format Zeichen* bestellt.

Ausrichtung

beschreibt, wie ein Text zu einer »Tabulatorposition stehen soll: links davon, rechts davon, genau mittig oder so, daβ das Komma an der Tabulatorposition steht (siehe Befehl *Format Tabulator Setzen*).

Ausschlieβung

(ein zugegeben merkwürdiges Wort) beschreibt, wie ein Text innerhalb eines »Absatzes angeordnet werden soll: Zwischen den linken und rechten Absatzgrenzen kann der Text nur-linksbündig, nur-rechtsbündig, links- und-rechtsbündig (»Blocksatz), oder zentriert (Mittelachse, sieht manchmal aus wie ein Schmetterling) angeordnet werden (siehe Befehl *Format Absatz*).

Ausschnitt

besser: Fenster. Umrahmtes Guckloch auf dem Bildschirm an beliebige Stellen eines Textes oder an beliebige Stellen beliebiger Texte. Öffnen, Schließen, Kopieren, Löschen, Einfügen, Spicken in und zwischen verschiedenen Fenstern machen Word ganz schön stark (siehe Kapitel 9).

Baustein

Ein (beliebig großes) Stück Text, das Word für Sie unter einem von Ihnen gewählten Namen aufbewahrt und (auf Kommando) immer wieder hergibt (siehe Kapitel 9).

Befehl

Ihr Werkzeug zum Steuern von Word. Befehle können nur im »Befehlsmodus eingegeben werden

Befehlsmodus

im Gegensatz zum »Textmodus: Im Befehlsmodus können Sie einen der vorgeschlagenen Befehle zur Steuerung des Programms Word einegeben, im »Textmodus können Sie tippen, was Sie wollen.

Bereich

Ein Stück Text, das im gleichen Papierformat gestaltet werden soll (also im allgemeinen der gesamte Text). Word gestattet das Aufteilen des Textes in beliebig viele Bereiche, damit Sie Ihren Text möglichst "bunt" gestalten können (siehe Kapitel 9: "Format Bereich: Bis in's Feinste").

Blocksatz

nennt man das »Absatzformat, bei dem der Text an der linken und rechten Absatzgrenze "stramm" stehen muß. Der Blocksatz wird durch zwei Dinge erreicht:

1) In jede Zeile werden so viele Wörter gepackt, wie hineinpassen, nicht mehr und nicht weniger. Diese Funktion heißt Zeilenumbruch.

2) Nun werden so viele Leerzeichen zwischen die Wörter einer Zeile gepackt, bis daß die Zeile rechts und links am Absatzrand anstößt. (Das gibt die "langen Leerzeichen" in Word). Diese Funktion heißt Randausgleich.

Datei

Eine Datei ist ein Behälter für beliebige Daten (also auch Texte) mit einem Namen. Dateien werden bei Personal Computern meist auf »Diskette gespeichert; Programme (wie Word) können Daten aus Dateien lesen und in Dateien schreiben.

Diskette

(Floppy Disc, engl: "schlappe Scheibe") Preiswertes und sehr empfindliches Speichermedium für Daten (Programme und Texte und ...), hauptsächlich bei Personal Computern anzutreffen (siehe Kapitel 3).

Druckerbeschreibungs- (DBS-) Datei

Die einzige Möglichkeit für Word, Ihren Drucker richtig kennenzulernen: Zur exakten Bedienung Ihres Druckers muß Word dessen "Kommandosprache" kennen. Lesen Sie nach im Kapitel 9: "Drucken wie am Schnürchen".

Druckformat

Ein »Formatwunsch, der in einer »Formatwunschliste steht, heißt in Word leider Druckformat.

Druckformatspalte

Im Textfenster können Sie mit dem Befehl *Ausschnitt Optionen Druckformatspalte=Ja* eine zusätzliche Spalte bestellen, in der zu jedem »Absatz der Name des zugehörigen »Formatwunsches steht (siehe Kapitel 7). So können Sie die Zuordnung Ihrer Formatwünsche zu Ihren Absätzen überprüfen.

Druckformatvorlage

»Formatwünsche werden in eine »Formatwunschliste eingetragen. Diese Liste heißt in Word leider Druckformatvorlage (huhu). Vom Textmodus zur Druckformatvorlage kommen Sie mit dem Befehl *Muster*, zurück mit dem Befehl *Text*.

Einzug

Absätze füllen in der Regel den Platz zwischen dem linken und dem rechten Seitenrand aus (siehe Befehl *Format Bereich*). Mit "Einzug" (siehe Befehl *Format Absatz*) können Sie angeben, wie weit ein Absatz links und/oder rechts eingerückt werden soll.

Die erste Zeile eines jeden Absatzes darf in Word eine Ausnahme hierzu machen: sie darf links noch mehr (oder weniger) eingerückt sein (siehe Befehl *Format Absatz* bei *Erste Zeile*).

Format

ist genau das, was Sie haben: Eine ganz bestimmte Größe, Breite, ein ganz speziell für Sie ausgesuchtes Aussehen, einige für Sie ausgewählte Ausprägungen. Genauso ist es mit Ihrem Text: Sie können die äußere Gestalt (nicht Inhalt) Ihres Textes in drei Punkten mit Word gestalten: Format »Zeichen, Format »Absatz, Format »Bereich.

Formatwunsch

ist, wenn Sie sagen: "Ich will, daß ein Absatz, den ich erst später bestimme, soundso aussieht". In Word äußert man Formatwünsche mit dem Befehl *Muster Einfügen* ... (siehe Kapitel 7).

Fußnote

Wollen Sie an einer ganz bestimmten Stelle in Ihrem Text noch etwas anmerken, was zwar den wissenden Leser beim Schnell-Lesen nicht stören darf, der Neuling aber unbedingt mitkriegen muß, verwenden Sie Fußnoten: Word schreibt an die bewußte Textstelle eine Zahl (bei mehreren Fußnoten aufsteigend numeriert und auf Wunsch hochgestellt) und den dazugehörenden Text (mit der gleichen Zahl) an das Ende der gleichen Seite.[1]

Meldungszeile

Ihr Word-Bildschirm besteht aus: Textfenster, dem Befehlsmenü, der Meldungs- und der Statuszeile. In der Meldungszeile teilt Word Ihnen mit, was Sie gerade tun dürfen. Wenn Sie einen Fehler gemacht haben, sagt Word Ihnen hier, was für einen.

Ein Verzeichnis aller möglichen Meldungen (und Fehlertexte) mit Erklärungen finden Sie im Word-Handbuch.

Menü

Word bietet Ihnen seine Leistungen ähnlich wie in einer Speisekarte an: alle Befehle (Hauptspeisen) können Sie am Bildschirm im Befehlsmenü lesen und daraus auswählen. Zu fast jedem Befehl erhalten Sie (nach Auswahl des Befehls) noch ein Untermenü: hier können Sie sagen, wie Sie die ausgewählte Speise zubereitet haben möchten.

---

1 Manche Autoren beurteilen die Qualität ihres Textes anhand der Zahl seiner Fußnoten.

Wir sprechen hier von einem zweistufigen Befehls-Menübaum.

Muster

Mit dem Befehl *Muster* bestellen Sie Ihre »Formatwunschliste anstelle Ihres Textes auf den Bildschirm: nun können Sie »Formatwünsche einfügen, ändern und/oder löschen. Zurück in Ihren Text geht ` s mit dem Befehl *Text*.

Paginierung

Alles, was mit der Zählung der Druckseiten Ihres Textes und der Darstellung der Seitenzahlen zusammenhängt.

Die Paginierung steuern Sie mit dem Befehl *Format Bereich*, die Seitenzahlen werden am besten in Kopf- und Fußzeilen angeordnet (siehe Kapitel 9).

Papierkorb

Mit den Befehlen *Kopie* und *Löschen* und der Taste (Del) können Sie ein Textstück beliebiger Länge in den Papierkorb von Word (sie sehen ihn in der untersten Bildschirmzeile) befördern. Mit dem Befehl *Einfügen* und der Taste (Ins) können Sie diesen Text an beliebiger Stelle wieder herausholen.

Der Papierkorb ist also ein kurzfristiger Zwischenspeicher für den Transport von Textstücken beim Schneiden und Kleben.

Wollen Sie mehrere Papierkörbe benutzen, müssen Sie mit »Textbausteinen arbeiten.

Schriftart

Mit dem Befehl *Format Zeichen* können Sie vorher markierten Zeichen eine Schriftart zuordnen, die Ihr Drucker anbietet. Vorher müssen Sie Word Ihren Drucker vorgestellt haben mit dem Befehl *Druck Optionen Drucker*.

Schriftgrad

Mit dem Befehl *Format Zeichen* können Sie vorher markierten Zeichen eine Schriftgröße (=Schriftgrad in Punkten, das sind 1/72 Zoll) zu jeder Schriftart zuordnen, die Ihr Drucker anbietet. Vorher müssen Sie Word Ihren Drucker vorgestellt haben mit dem Befehl *Druck Optionen Drucker*.

Speichern

Texte und andere Daten werden vom Rechner auf einer Diskette oder Festplatte so verwahrt, daß sie jederzeit in unveränderter Form wieder abrufbar sind.

Statuszeile

Ihr Word-Bildschirm besteht aus: Textfenster, Befehlszeilen, »Meldungs- und Statuszeile. In der Statuszeile sagt Word Ihnen einige aktuelle Dinge: siehe Kapitel 4.

Tastenschlüssel

Formatwünsche, die Sie mit dem Befehl *Muster Einfügen* vereinbaren, erhalten einen Namen, unter dem sie später wieder aufgerufen werden können. Dieser Name heißt in Word "Tastenschlüssel".

Textmodus

im Gegensatz zum »Befehlsmodus: Im Textmodus können Sie tippen, was Sie wollen, im »Befehlsmodus können Sie einen der vorgeschlagenen Befehle zur Steuerung des Programms Word eingeben.

Variante

Formatwünsche, die Sie mit dem Befehl *Muster Einfügen* vereinbaren, müssen für eine bestimmte »Verwendung vorgesehen werden. Wollen Sie mehrere Formatwünsche für die gleiche Verwendung vereinbaren, müssen sich diese Formatwünsche zumindest in ihrer Variante (1,2,...) unterscheiden.

Verwendung

Formatwünsche, die Sie mit dem Befehl *Muster Einfügen* vereinbaren, müssen für eine bestimmte Verwendung vorgesehen werden. Word bietet Ihnen eine Liste der möglichen Verwendungen für »Zeichen, »Absatz und »Bereich an.

Zeichen

Eines oder mehrere Zeichen (Buchstabe, Ziffer, Sonderzeichen, Grafikzeichen) bis hin zu allen Zeichen des Textes. Ein Zeichen ist immer mit der Schreibmarke markiert, mehrere Zeichen können mit der Taste "Erweitern" markiert werden (siehe Kapitel 4).

10.2 Unsere Formatwunschliste WORDBUCH.DFV

```
1   KF Absatz Gliederungsebene 6              Seitenzahl in Kopfz. zentr.
       Times_Roman (römische Ziffern a) 10/12. Zentriert (Selbe Seite).
2   ZF Zeichen Fußnotenzeichen
       Times_Roman (römische Ziffern a) 10 Hochgestellt.
3   FZ Absatz Fußnote                         der Fußnotenabsatz
       Times_Roman (römische Ziffern a) 10/12. Block, Einzug links 0,76 cm
       (Einzug erste Zeile -0,76 cm), Absatzendeabstand 1 zg (Selbe Seite).
4   BB Zeichen 23                             Fett
       Times_Roman (römische Ziffern a) 10 Fett.
5   II Zeichen 24                             Kursiv
       Times_Roman (römische Ziffern a) 10 Kursiv.
6   UU Zeichen 25                             unterstrichen
       Times_Roman (römische Ziffern a) 10 Unterstrichen.
7   T0 Absatz 4
       Line_Printer (Modern h) 7/0. Linker Einzug, Einzug links 1,5 cm (Selbe
       Seite).
8   T1 Absatz 1
       Line_Printer (Modern h) 7. Linker Einzug, Einzug links 1,5 cm (Selbe
       Seite).
9   U1 Absatz 36                              Kapitelstufe
       Helvetica (Modern i) 14. Linker Einzug, Absatzanfangsabstand 2 zg,
       Absatzendeabstand 2 zg (Selbe Seite, Der folgende Absatz wird nicht
       abgetrennt!). Tabulator bei: 0,85 cm (Links).
10  U2 Absatz 37                              Unterstufe 1
       Helvetica (Modern i) 12/14. Linker Einzug, Absatzanfangsabstand 1 zg
       Absatzendeabstand 1 zg (Selbe Seite, Der folgende Absatz wird nicht
       abgetrennt!). Tabulator bei: 0,85 cm (Links), 12,7 cm (Rechts, Füll-
       Punkte).
11  U3 Absatz 38                              Unterstufe 2
       Times_Roman (römische Ziffern a) 10/12. Linker Einzug, Einzug links
       cm (Selbe Seite, Der folgende Absatz wird nicht abgetrennt!). Tabula
       bei: 4,06 cm (Links), 12,7 cm (Rechts, Füll-Punkte).
12  A0 Absatz 10                              nur für Rahmen
       Times_Roman (römische Ziffern a) 10/12. Rechter Einzug (Selbe Seite)
13  A1 Absatz Standard                        Standardabsatz
       Times_Roman (römische Ziffern a) 10/14. Block, Absatzendeabstand 1 zg,
14  A2 Absatz 46                              für die Begriffsammlung
       Times_Roman (römische Ziffern a) 10/12. Block, Einzug links 0,63 cm,
       Absatzendeabstand 1 zg.
15  A3 Absatz Verzeichnisebene 2              eingezogen (Text im Rahmen)
       Times_Roman (römische Ziffern a) 10/14. Block, Einzug links 2,54 cm
       (Einzug erste Zeile -0,63 cm), Einzug rechts 0,63 cm, Absatzendeabstand
       zg (Selbe Seite). Tabulator bei: 2,54 cm (Links), 15,49 cm (Rechts).
16  A4 Absatz Verzeichnisebene 3              für Rezepte
       Times_Roman (römische Ziffern a) 10/12 Fett. Linker Einzug, Einzug links
       1,27 cm, Einzug rechts 0,63 cm, Absatzendeabstand 1 zg (Selbe Seite)
       Tabulator bei: 2,54 cm (Links), 3,81 cm (Links), 5,08 cm (Links), 6,
       (Links), 7,62 cm (Links), 8,89 cm (Links), 10,16 cm (Links), 11,43 cm,
       (Links), 16,76 cm (Rechts).
17  A5 Absatz 2                               Absatz für BOX-Befehle
       Times_Roman (römische Ziffern a) 8/12. Linker Einzug, Einzug links 1
       cm, Einzug rechts 0,63 cm, Absatzendeabstand 0,5 zg (Selbe Seite, Der
       folgende Absatz wird nicht abgetrennt!). Tabulator bei: 2,11 cm (Links)
       13,54 cm (Links).
18  A6 Absatz 3
       Times_Roman (römische Ziffern a) 10/12. Block, Einzug links 1,9 cm,
       Einzug rechts 1,9 cm, Absatzendeabstand 2 zg (Selbe Seite, Der folgende
       Absatz wird nicht abgetrennt!).
19  B1 Absatz 12                              Bild Größe 1
       Times_Roman (römische Ziffern a) 10/18 Kursiv. Zentriert,
       Absatzanfangsabstand 3 zg, Absatzendeabstand 3 zg (Selbe Seite).
20  B2 Absatz 13                              Bild Größe 2
       Times_Roman (römische Ziffern a) 10/18 Kursiv. Zentriert,
       Absatzanfangsabstand 6 zg, Absatzendeabstand 6 zg (Selbe Seite).
21  B3 Absatz 14                              Bild Größe 3
       Times_Roman (römische Ziffern a) 10/18 Kursiv. Zentriert,
       Absatzanfangsabstand 8 zg, Absatzendeabstand 8 zg (Selbe Seite).
```

22 B4 Absatz 15 Bild Größe 4
Times_Roman (römische Ziffern a) 10/18 Kursiv. Zentriert,
Absatzanfangsabstand 10 zg, Absatzendeabstand 10 zg (Selbe Seite).
23 PP Bereich Standard Wordbuch 1:1
Seite: Wechsel der Seitenlänge 22,8 cm; Breite 15,9 cm. Pagina arabische
23 PP Bereich Standard Wordbuch 1:1
Seite: Wechsel der Seitenlänge 22,8 cm; Breite 15,9 cm. Pagina arabische
Ziffern. Seitenrand oben 2,2 cm; Seitenrand unten 2 cm; Links 1,6 cm
Rechts 2 cm. Abstand Kopfzeile von oben 1 cm. Abstand Fußzeile von unten
0 cm. Fußnoten auf der selben Seite.
24 P2 Bereich 1 Wordbuch 1:1 zweispaltig
Spalte: Wechsel der Seitenlänge 22,8 cm; Breite 15,9 cm. Pagina arabische
Ziffern. Seitenrand oben 2,2 cm; Seitenrand unten 2 cm; Links 1,6 cm
Rechts 2 cm. Abstand Kopfzeile von oben 1 cm. Abstand Fußzeile von unten
0 cm. 2 Spalten. Spaltenabstand 1,27 cm. Fußnoten auf der selben Seite

Die Tastatur Ihres Personal Computers

PC, PC/XT	PC/AT	Funktion
(esc)	*(Eing Lösch)*	Befehlsmodus anwählen,
		im Befehl: aufheben
(DEL)	*(Lösch)*	markierte(s) Zeichen löschen
(INS)	*(Einfüg)*	Zeichen aus Papierkorb einfügen
(shift)		Taste für Einzel-Großbuchstaben
(return)		im Textmodus: Absatzende
		im Befehlsmodus: Befehl ausführen
(shift)(return)		Beginn neue Zeile
(Ctrl)(return)	*(Strg)(return)*	Beginn neuer Bereich
(ctrl)(shift)(return)	*(Strg)(shift)(return)*	Beginn neue Seite
(ctrl)-	*(Strg)-*	Trennfuge
(ctrl)(leer)	*(strg)(leer)*	geschütztes Leerzeichen
(alt)	*(alt)*	Taste für besondere Funktionen:
		Formatwunsch bestellen, Sonderzeichen
(alt)?		gezielte Hilfe
(PgUp)	*(Bild_auf)*	Blättern rückwärts
(shift)(PgUp)	*(shift)(Bild_auf)*	Textanfang
(PgDn)	*(Bild_ab)*	Blättern vorwärts
(shift)(PgDn)	*(shift)(Bild_ab)*	Textende
(Home)	*(Pos1)*	Zeilenanfang
(End)	*(End)*	Zeilenende
(F1)		nächster Ausschnitt
(shift)(F1)		letzter Ausschnitt
(F2)		Rechenfunktion
(shift)(F2)		Wechsel Text/Gliederung
(F3)		Bausteintaste
(F4)		Letzten Befehl wiederholen
(shift)(F4)		Letzten Suchbefehl wiederholen
(F5)		Überschreibmodus / Einfügemodus
(Shift)(F5)		Wechsel Gliederung / Bearbeiten
(F6)		Erweiterung ein / aus
(shift)(F6)		Spaltenmarkierung
(F7)		Letztes Wort
(shift)(F7)		Letzter Satz
(F8)		Nächstes Wort
(shift)(F8)		Nächster Satz
(F9)		aktueller Satz
(shift)(F9)		aktuelle Zeile
(F10)		Absatz
(shift)(F10)		ganzer Text

10.4 Stichwortverzeichnis

A

B

C

D

E

F

G

H

I

J

K

L

M

N

O

P

Leitfäden der angewandten Informatik

Bauknecht/Zehnder: **Grundzüge der Datenverarbeitung**
Methoden und Konzepte für die Anwendungen
3. Aufl. 293 Seiten. DM 34,–

Beth / Heß / Wirl: **Kryptographie**
205 Seiten. Kart. DM 25,80

Bunke: **Modellgesteuerte Bildanalyse**
309 Seiten. Geb. DM 48,–

Craemer: **Mathematisches Modellieren dynamischer Vorgänge**
288 Seiten. Kart. DM 36,–

Frevert: **Echtzeit-Praxis mit PEARL**
216 Seiten. Kart. DM 32,–

Gorny/Viereck: **Interaktive grafische Datenverarbeitung**
256 Seiten. Geb. DM 52,–

Hofmann: **Betriebssysteme: Grundkonzepte und Modellvorstellungen**
253 Seiten. Kart. DM 34,–

Holtkamp: **Angepaßte Rechnerarchitektur**
233 Seiten. DM 38,–

Hultzsch: **Prozeßdatenverarbeitung**
216 Seiten. Kart. DM 25,80

Kästner: **Architektur und Organisation digitaler Rechenanlagen**
224 Seiten. Kart. DM 25,80

Kleine Büning/Schmitgen: **PROLOG**
304 Seiten. Kart. DM 34,–

Meier: **Methoden der grafischen und geometrischen Datenverarbeitung**
224 Seiten. Kart. DM 34,–

Mresse: **Information Retrieval – Eine Einführung**
280 Seiten. Kart. DM 38,–

Müller: **Entscheidungsunterstützende Endbenutzersysteme**
253 Seiten. Kart. DM 28,80

Mußtopf / Winter: **Mikroprozessor-Systeme**
Trends in Hardware und Software
302 Seiten. Kart. DM 32,–

Nebel: **CAD-Entwurfskontrolle in der Mikroelektronik**
211 Seiten. Kart. DM 32,–

Retti et al.: **Artificial Intelligence – Eine Einführung**
2. Aufl. X, 228 Seiten. Kart. DM 34,–

Schicker: **Datenübertragung und Rechnernetze**
2. Aufl. 242 Seiten. Kart. DM 32,–

Schmidt et al.: **Digitalschaltungen mit Mikroprozessoren**
2. Aufl. 208 Seiten. Kart. DM 25,80

Schmidt et al.: **Mikroprogrammierbare Schnittstellen**
223 Seiten. Kart. DM 34,–

Schneider: **Problemorientierte Programmiersprachen**
226 Seiten. Kart. DM 25,80

Schreiner: **Systemprogrammierung in UNIX**
Teil 1: Werkzeuge. 315 Seiten. Kart. DM 48,–
Teil 2: Techniken. 408 Seiten. Kart. DM 58,–

Leitfäden der angewandten Informatik

Fortsetzung

Singer: **Programmieren in der Praxis**
2. Aufl. 176 Seiten. Kart. DM 28,80

Specht: **APL-Praxis**
192 Seiten. Kart. DM 24,80

Vetter: **Aufbau betrieblicher Informationssysteme mittels konzeptioneller Datenmodellierung**
3. Aufl. 400 Seiten. Kart. DM 42,–

Weck: **Datensicherheit**
326 Seiten. Geb. DM 44,–

Wingert: **Medizinische Informatik**
272 Seiten. Kart. DM 25,80

Wißkirchen et al.: **Informationstechnik und Bürosysteme**
255 Seiten. Kart. DM 28,80

Wolf/Unkelbach: **Informationsmanagement in Chemie und Pharma**
244 Seiten. Kart. DM 34,–

Zehnder: **Informationssysteme und Datenbanken**
4., neubearbeitete und erweiterte Auflage
276 Seiten. Kart. DM 36,–

Zehnder: **Informatik-Projektentwicklung**
223 Seiten. Kart. DM 32,–

Leitfäden und Monographien der Informatik

Brauer: **Automatentheorie**
493 Seiten. Geb. DM 58,–

Loeckx/Mehlhorn/Wilhelm: **Grundlagen der Programmiersprachen**
448 Seiten. Kart. DM 42,–

Mehlhorn: **Datenstrukturen und effiziente Algorithmen**
Band 1: Sortieren und Suchen
324 Seiten. Kart. DM 42,–

Messerschmidt: **Linguistische Datenverarbeitung mit Comskee**
207 Seiten. Kart. DM 36,–

Pflug: **Stochastische Modelle in der Informatik**
272 Seiten. Kart. DM 36,–

Richter: **Betriebssysteme**
2., neubearbeitete und erweiterte Auflage
303 Seiten. Kart. DM 36,–

Wirth: **Algorithmen und Datenstrukturen**
Pascal-Version
3., überarbeitete Auflage
320 Seiten. Kart. DM 38,–

Wirth: **Algorithmen und Datenstrukturen mit Modula - 2**
4., überarbeitete und erweiterte Auflage
299 Seiten. Kart. DM 38,–

Preisänderungen vorbehalten

 B. G. Teubner Stuttgart

Teubner Studienbücher

Informatik

Berstel: **Transductions and Context-Free Languages**
278 Seiten. DM 42,– (LAMM)

Beth: **Verfahren der schnellen Fourier-Transformation**
316 Seiten. DM 36,– (LAMM)

Bolch/Akyildiz: **Analyse von Rechensystemen**
Analytische Methoden zur Leistungsbewertung und Leistungsvorhersage
269 Seiten. DM 29,80

Dal Cin: **Fehlertolerante Systeme**
206 Seiten. DM 25,80 (LAMM)

Ehrig et al.: **Universal Theory of Automata**
A Categorical Approach. 240 Seiten. DM 27,80

Giloi: **Principles of Continuous System Simulation**
Analog, Digital and Hybrid Simulation in a Computer Science Perspective
172 Seiten. DM 27,80 (LAMM)

Kupka/Wilsing: **Dialogsprachen**
168 Seiten. DM 22,80 (LAMM)

Maurer: **Datenstrukturen und Programmierverfahren**
222 Seiten. DM 28,80 (LAMM)

Oberschelp/Wille: **Mathematischer Einführungskurs für Informatiker**
Diskrete Strukturen. 236 Seiten. DM 24,80 (LAMM)

Paul: **Komplexitätstheorie**
247 Seiten. DM 27,80 (LAMM)

Richter: **Logikkalküle**
232 Seiten. DM 25,80 (LAMM)

Schlageter/Stucky: **Datenbanksysteme: Konzepte und Modelle**
2. Aufl. 368 Seiten. DM 36,– (LAMM)

Schnorr: **Rekursive Funktionen und ihre Komplexität**
191 Seiten. DM 25,80 (LAMM)

Spaniol: **Arithmetik in Rechenanlagen**
Logik und Entwurf. 208 Seiten. DM 25,80 (LAMM)

Vollmar: **Algorithmen in Zellularautomaten**
Eine Einführung. 192 Seiten. DM 25,80 (LAMM)

Weck: **Prinzipien und Realisierung von Betriebssystemen**
2. Aufl. 299 Seiten. DM 38,– (LAMM)

Wirth: **Compilerbau**
Eine Einführung. 4. Aufl. 117 Seiten. DM 18,80 (LAMM)

Wirth: **Systematisches Programmieren**
Eine Einführung. 5. Aufl. 160 Seiten. DM 25,80 (LAMM)

MikroComputer-Praxis

Die Teubner Buch- und Diskettenreihe für
Schule, Ausbildung, Beruf, Freizeit, Hobby

Becker/Beicher: **TURBO-PROLOG in Beispielen**
In Vorbereitung

Becker/Mehl: **Textverarbeitung mit Microsoft WORD**
2. Aufl. 279 Seiten. DM 29,80

Bielig-Schulz/Schulz: **3D-Grafik in PASCAL**
216 Seiten. DM 25,80

Buschlinger: **Softwareentwicklung mit UNIX**
277 Seiten. DM 38,–

Danckwerts/Vogel/Bovermann: **Elementare Methoden der Kombinatorik**
Abzählen – Aufzählen – Optimieren – mit Programmbeispielen in ELAN
206 Seiten. DM 24,80

Duenbostl/Oudin: **BASIC-Physikprogramme**
152 Seiten. DM 24,80

Duenbostl/Oudin/Baschy: **BASIC-Physikprogramme 2**
176 Seiten. DM 24,80

Erbs: **33 Spiele mit PASCAL**
... und wie man sie (auch in BASIC) programmiert
326 Seiten. DM 36,–

Erbs/Stolz: **Einführung in die Programmierung mit PASCAL**
3. Aufl. 240 Seiten. DM 25,80

Fischer: **COMAL in Beispielen**
208 Seiten. DM 24,80

Glaeser: **3D-Programmierung mit BASIC**
192 Seiten. DM 24,80

Grabowski: **Computer-Grafik mit dem Mikrocomputer**
215 Seiten. DM 25,80

Grabowski: **Textverarbeitung mit BASIC**
204 Seiten. DM 25,80

Haase/Stucky/Wegner: **Datenverarbeitung heute**
mit Einführung in BASIC
2. Aufl. 284 Seiten. DM 24,80

Hainer: **Numerik mit BASIC-Tischrechnern**
251 Seiten. DM 28,80

Hanus: **Problemlösen mit PROLOG**
208 Seiten. DM 23,80

Holland: **Problemlösen mit micro-PROLOG**
Eine Einführung mit ausgewählten Beispielen
aus der künstlichen Intelligenz
239 Seiten. DM 26,80

Hoppe/Löthe: **Problemlösen und Programmieren mit LOGO**
Ausgewählte Beispiele aus Mathematik und Informatik
168 Seiten. DM 24,80

Klingen/Liedtke: **ELAN in 100 Beispielen**
239 Seiten. DM 26,80

Fortsetzung nächste Seite

MikroComputer-Praxis

Fortsetzung

Die Teubner Buch- und Diskettenreihe für
Schule, Ausbildung, Beruf, Freizeit, Hobby

Klingen/Liedtke: **Programmieren mit ELAN**
207 Seiten. DM 24,80

Könke: **Lineare und stochastische Optimierung mit dem PC**
157 Seiten. DM 26,80

Koschwitz/Wedekind: **BASIC-Biologieprogramme**
191 Seiten. DM 24,80

Lehmann: **Fallstudien mit dem Computer**
Markow-Ketten und weitere Beispiele aus der Linearen Algebra und Wahrscheinlichkeitsrechnung
256 Seiten. DM 24,80

Lehmann: **Lineare Algebra mit dem Computer**
285 Seiten. DM 24,80

Lehmann: **Projektarbeit im Informatikunterricht**
Entwicklung von Softwarepaketen und Realisierung in PASCAL
236 Seiten. DM 24,80

Löthe/Quehl: **Systematisches Arbeiten mit BASIC**
2. Aufl. 188 Seiten. DM 24,80

Lorbeer/Werner: **Wie funktionieren Roboter**
2 Aufl. 144 Seiten. DM 24,80

Mehl/Nold: **d BASE III Plus in 100 Beispielen**
In Vorbereitung

Mehl/Stolz: **Erste Anwendungen mit dem IBM-PC**
284 Seiten. DM 26,80

Menzel: **BASIC in 100 Beispielen**
4. Aufl. 244 Seiten. DM 25,80

Menzel: **Dateiverarbeitung mit BASIC**
237 Seiten. DM 28.80

Menzel: **LOGO in 100 Beispielen**
234 Seiten. DM 25,80

Mittelbach: **Simulationen in BASIC**
182 Seiten. DM 24,80

Mittelbach/Wermuth: **TURBO-PASCAL aus der Praxis**
219 Seiten. DM 24,80

Nievergelt/Ventura: **Die Gestaltung interaktiver Programme**
124 Seiten. DM 24,80

Ottmann/Schrapp/Widmayer: **PASCAL in 100 Beispielen**
258 Seiten. DM 26,80

Otto: **Analysis mit dem Computer**
239 Seiten. DM 24,80

v. Puttkamer/Rissberger: **Informatik für technische Berufe**
Ein Lehr- und Arbeitsbuch zur programmierbaren Mikroelektronik
284 Seiten. DM 24.80

Weber: **PASCAL in Übungsaufgaben**
Fragen, Fallen, Fehlerquellen
152 Seiten. DM 23,80

Preisänderungen vorbehalten